聂鸿涛，汉族，中共党员，副研究员，大连海洋大学硕士生导师，主要从事贝类分子遗传学与贝类遗传育种研究。2017—2018年美国奥本大学访问学者。曾获辽宁省百千万人才工程千人层次人选，辽宁省高等学校杰出青年学者，辽宁省农业领域科技创新人才，大连市科技之星，大连海洋大学湛蓝学者、蔚蓝英才等称号。主持国家自然科学基金、国家重点研发计划蓝色粮仓科技创新重点专项子课题等国家及省市科研项目10余项。发表学术论文100余篇，以第一或通信作者发表SCI论文67篇，其中影响因子大于5的论文15篇。出版专著1部，授权专利7项，作为主要完成人获批两个国审新品种，分别是菲律宾蛤仔"白斑马蛤"和"斑马蛤2号"。获辽宁省海洋与渔业科技贡献奖二等奖、辽宁省自然科学学术成果奖一等奖、大连市青年科技奖、大连海洋大学研究生教学成果奖二等奖、大连海洋大学优秀研究生导师等荣誉。

　　闫喜武，1962 年生，中共党员，理学博士，大连海洋大学二级教授，博士生导师。现为中国动物学会贝类学分会常务理事，中国水产流通与加工协会理事、蛤仔分会执行会长。"庆祝中华人民共和国成立 70 周年纪念章"获得者，享受国务院政府特殊津贴，国家贝类产业技术体系首批岗位科学家，辽宁省贝类良种繁育工程技术研究中心主任，大连海洋大学水产遗传育种与繁殖学科带头人，辽宁省百千万人才工程百人层次人选，辽宁省特聘教授，辽宁省普通高校教学名师，辽宁省首批农业科技创新团队"贝类良种培育与增养殖创新团队"首席专家。大连市优秀共产党员，大连市优秀专家，大连市劳动模范，2019 年大连市最美科技工作者，大连海洋大学改革开放 40 周年突出人物。

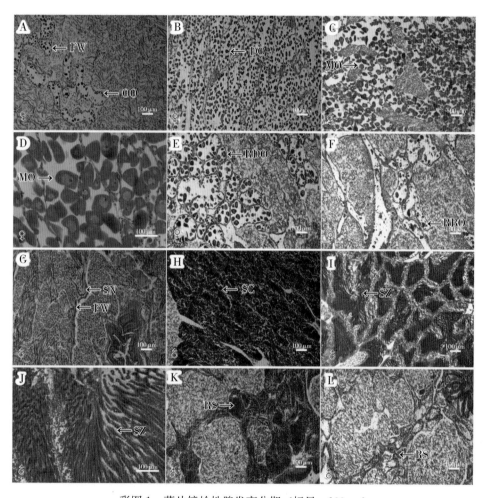

彩图 1　薄片镜蛤性腺发育分期（标尺＝100μm）

A、G. 形成期　B、H. 增殖期　C、D、I、J. 成熟期　E、K. 排放期　F、L. 耗尽期

FW. 滤泡壁　OO. 卵原细胞　DO. 未成熟卵子　MO. 成熟卵子　RDO. 残留的卵子　RBO. 被重吸收的卵子　SN. 精原细胞　SC. 精母细胞　SZ. 精子　RS. 残留精子

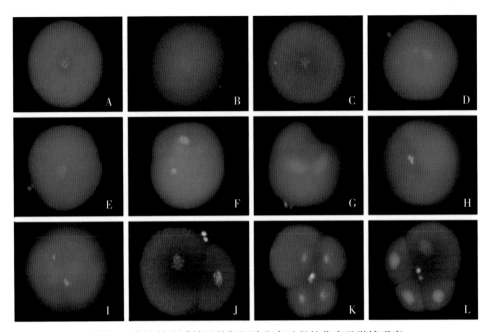

彩图 2　薄片镜蛤受精及早期胚胎发育过程的荧光显微镜观察

A. 成熟卵　B. 精子附卵　C. 精子入卵　D. 排出第一极体　E. 排出第二极体　F. 雌、雄原核形成　G. 雌、雄原核靠近并移至卵子中央　H. 雌、雄原核的染色体联合　I. 第一次卵裂的后期　J. 第二次卵裂中期　K. 第二次卵裂后期　L. 4 细胞期

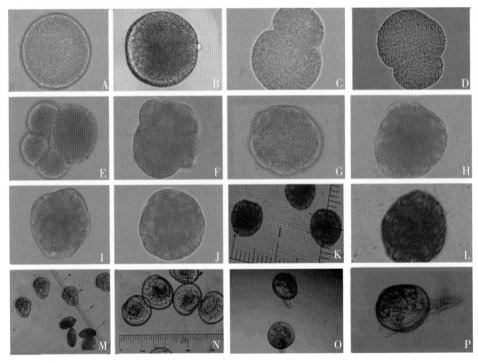

彩图 3　薄片镜蛤早期胚胎发育过程的显微镜观察

A. 卵子　B. 排出第一极体　C. 第二次卵裂中期　D. 2 细胞期　E. 4 细胞期　F. 8 细胞期　G. 16 细胞期　H. 32 细胞期　I. 桑葚期　J. 囊胚期　K. 原肠期　L. 担轮幼虫期　M. D 形幼虫期　N. 早期壳顶幼虫　O. 后期壳顶幼虫　P. 稚贝

镜蛤生理生态学和繁殖生物学研究

Studies on the Physiological Ecology and
Reproductive Biology of *Dosinia corrugata*

聂鸿涛　闫喜武　著

中国农业出版社
农村读物出版社
北　京

图书在版编目（CIP）数据

镜蛤生理生态学和繁殖生物学研究/聂鸿涛，闫喜
武著 . —北京：中国农业出版社，2022.10
ISBN 978-7-109-29874-3

Ⅰ . ①镜… Ⅱ . ①聂… ②闫… Ⅲ . ①贝类养殖
Ⅳ . ①S968.3

中国版本图书馆 CIP 数据核字（2022）第 149960 号

中国农业出版社出版

地址：北京市朝阳区麦子店街 18 号楼
邮编：100125
责任编辑：王金环　肖　邦
版式设计：杨　婧　责任校对：周丽芳
印刷：北京中兴印刷有限公司
版次：2022 年 10 月第 1 版
印次：2022 年 10 月北京第 1 次印刷
发行：新华书店北京发行所
开本：700mm×1000mm　1/16
印张：10.25
字数：185 千字
定价：55.00 元

薄片镜蛤（*Dosinia corrugata*）隶属于软体动物门，瓣鳃纲，帘蛤目，帘蛤科，镜蛤属，在中国南北方沿海及日本、朝鲜、菲律宾、新加坡、印度尼西亚等国沿海地区都有广泛分布。薄片镜蛤栖息于潮间带中、下区的泥沙底质中，以浮游植物为食，食物链短，生态效率高，对生态环境的改善有重要作用。薄片镜蛤俗称黑蛤、蛤叉，我国沿海民众素有食用薄片镜蛤的习俗。薄片镜蛤肉味鲜美、营养丰富、出肉率高，是一种经济价值较高的海产贝类。近年来，由于采捕、环境污染和栖息地被破坏等原因，薄片镜蛤的产量逐年降低，市场供不应求。

本书以我国重要海水经济贝类——薄片镜蛤和日本镜蛤为研究素材，在国内外首次开展了薄片镜蛤育苗繁育技术研究，薄片镜蛤繁殖周期及生化成分的周年变化研究，薄片镜蛤形态特征及人工繁殖生物学研究，温度和盐度对薄片镜蛤生理生化指标的影响，利用分子生物学手段进行日本镜蛤的物种鉴定，日本镜蛤朝鲜群体的数量性状的相关性及通径分析，环境因子对日本镜蛤浮游幼虫发育与生长的影响，薄片镜蛤与日本镜蛤营养成分分析与营养学评价研究等。本书是迄今为止关于镜蛤生理生态学和繁殖生物学研究最为系统和完整的专著之一，主要内容为作者近年的研究成果，填补了国内外该研究领域的空白。

本书可供从事水产养殖、水产动物遗传学、贝类遗传育种的科技人员及相关专业的本科生和研究生参考。本书共分6部分，主要内容为作者近年的研究成果。在撰写过程中，我们还参考了大量资料，以反映国内外最新研究动态。作为一部系统介绍薄片镜蛤与日本镜蛤生理生态学和繁殖生物学的专著，相信本书将对从事水产养殖、贝类苗种繁育及遗传育种研究的工作者有所裨益。由于笔者对相关领域的理论与技术方法的理解和认识的局限性，不足和疏漏之处在所难免，恳请各位专家和同仁批评指正！

著　者

2022 年 3 月

1

薄片镜蛤苗种人工繁育技术研究

1.1 薄片镜蛤人工育苗技术的初步研究

薄片镜蛤俗称蛤叉，隶属于软体动物门（Mollusca）瓣鳃纲（Lam illibranchia）帘蛤目（Veneroida）帘蛤科（Veneridae）镜蛤属（*Dosinia*），生活在潮间带中、下区的泥沙底质中（庄启谦，2001）。在我国北起辽宁、南至海南，在国外从日本陆奥湾到九州岛、朝鲜半岛、菲律宾、新加坡、印度尼西亚均有分布。薄片镜蛤壳质薄而脆，外套窦深，先端略圆，水平伸向贝壳中央，水管在伸展时可达壳长的 4～5 倍，成体壳长 5～6 cm，个体重为 20～60 g。薄片镜蛤肉味鲜美、营养价值高，深受大众喜爱，发展潜力很大。薄片镜蛤以浮游植物、有机碎屑为食，食物链短，生态效率高，为海洋"食草动物"，养殖该蛤对环境有明显的修复作用，属于环境友好型养殖，无生态安全隐患。随着人们生活水平的提高和市场的拓展，薄片镜蛤在国内外市场均供不应求，价格也不断攀升，加上近海浮筏养殖面积的缩小，大力发展薄片镜蛤等滩涂贝类养殖是产业发展的必然要求，对于保护近海生物多样性和生态平衡，维护生态安全，提高我国贝类养殖业的整体水平具有重要意义。以前薄片镜蛤的天然产量很高，但由于不注意资源保护，滥采滥捕，自然资源遭到极大破坏，一些传统产区也难觅其踪迹。因此，开展薄片镜蛤人工育苗技术的研究，是解决苗种短缺和资源恢复的唯一有效途径。目前，对镜蛤属的研究较少，王年斌等（1992）研究了黄海北部镜蛤的生物学，并对其资源状况进行了调查；孙虎山等（1993）研究了日本镜蛤的性腺发育和生殖周期。但对薄片镜蛤的人工育苗研究国内外均未见报道。本试验中，作者对大连庄河地区薄片镜蛤的繁殖季节和习性、繁殖期雌雄区别、繁殖力等繁殖生物学进行了研究，并对其胚胎和胚后发育进行了观察，还对采苗方法进行了初步探讨，旨在为进一步开展薄片镜蛤的人工育苗研究提供参考。

1.1.1 材料与方法

亲贝于 2007 年 5 月采自大连庄河市，将采集的 300 kg 亲贝用扇贝笼吊养于贝类育苗场生态虾池中进行促熟。亲贝规格（壳长-壳高-壳厚，下同）为（60.90±2.24）mm、（58.85±2.06）mm、（24.90±1.23）mm。鲜重为（51.33±5.55）g（图1-1）。

图1-1 薄片镜蛤的外观

室内人工育苗试验于2007年6～9月进行。用肉眼和显微镜经常观察性腺的发育状况，待性腺充分发育成熟后，挑选壳形规整、无损伤的个体作为繁殖群体。本试验中共催产10批。每次将亲贝洗刷干净，阴干12 h，于次日早上放入100 L白色聚乙烯桶中，亲贝于中午开始自然排放精卵。待亲贝排放完毕，用150目筛绢网过滤掉亲贝排放的污物，再将受精卵分桶孵化，密度为50～100粒/mL。孵化期间，微充气，加入5 mg/L的青霉素钾，并观察受精卵在各个发育阶段的形态变化及所需时间。幼虫和稚贝培育，D形幼虫用300目筛绢网做成的网箱选育后，在100 L白色聚乙烯桶中进行培育。D形幼虫培育密度为10～12个/mL，随着幼虫的生长调整培育密度，附着前为2～3个/mL。日全量换水1次。饵料为绿色巴夫藻和小球藻，混合投喂（1∶1），日投饵3次。D形幼虫至壳顶前期，日投饵0.5万～1万个/mL；壳顶中期至变态期，日投饵3万～5万个/mL；稚贝期，日投饵8万～10万个，投喂量根据幼虫和稚贝的摄食情况适量增减。幼虫和稚贝培育期间，水温为24～28 ℃，盐度为24～29，pH为7.5～8.4。附着基试验设置海泥（粒径≤0.13 mm）、细沙（粒径≤0.7 mm）、泥沙混合（泥沙比1∶1）、聚乙烯网片及无附着基5种，均在100 L白色聚乙烯桶中进行，每种附着基试验设置3个重复。海泥、细沙和泥沙厚度为110 cm左右；聚乙烯网片悬挂在桶中，规格为40 cm×60 cm。发现幼虫出足后，放入不同附着基的桶中，足面盘幼虫密度为1个/mL，每桶放足面盘幼虫约10万个。指标的测定孵化率为D形幼虫数与受精卵数的百分比；幼虫存活率为每次测量存活的个体数与D形幼虫数的比值；变态率为稚贝（以出次生壳为标志）数与足面盘幼虫数量的比值；稚贝存活率为每次测量存活个体数与刚变态稚贝数的比值，方法同变态率的计算。幼虫和稚贝的壳长、壳高在40×目微尺下测量，测量时每次随机抽取30个个体。在附着基试验中，泥或沙中稚贝总数以 1 g 泥或沙中的稚贝数进行推算；聚乙烯网片上的稚贝总数以单位面积网片上的稚贝数进行推算；无附着基桶中稚贝总数通过单位重量的稚贝数推算。

1.1.2 结果

1.1.2.1 产卵量、卵径、孵化率及 D 形幼虫大小

壳长为（60.90±2.24）mm 的雌性个体每次产卵量可达 200 万粒，卵径为（70.33±1.06）μm，孵化率为（50.0±15.23）%，D 形幼虫大小（壳长×壳高，下同）为（100.33±1.30）μm×（81.07±1.72）μm。

1.1.2.2 胚胎及胚后发育

在水温 24.5～25.5 ℃、盐度 27、pH 7.5 条件下，受精卵孵化为 D 形幼虫约需 22 h 40 min。胚胎及胚后发育见表 1-1。

表 1-1 薄片镜蛤的胚胎发育及胚后发育

发育阶段	发育时间	发育阶段	发育时间
第一极体	10 min	原肠期	6 h 25 min
第二极体	15 min	担轮幼虫	9 h 48 min
2 细胞	20 min	D 形幼虫	2 h 40 min
4 细胞	40 min	壳顶幼虫前期	2 d
8 细胞	1 h 5 min	壳顶幼虫中期	4 d
16 细胞	1 h 24 min	壳顶幼虫后期	8 d
32 细胞	2 h 10 min	匍匐幼虫	10 d
桑葚期	2 h 25 min	单水管稚贝	16 d
囊胚期	3 h 12 min	双水管稚贝	30 d

1.1.2.3 幼虫的生长、存活及变态

从图 1-2 可见，在幼虫期（0～10 日龄），壳长与壳高大小呈逐渐接近的趋势，且壳长、壳高与日龄表现出明显的线性关系。在水温 24～26 ℃、盐度 24～28、pH 7.5～8.2 及投喂小球藻和绿色巴夫藻的条件下，幼虫壳长、壳高的生长速度分别为（8.28±0.70）μm/d、（9.19±0.76）μm/d。从图 1-2 还可见：8 日龄以前，幼虫存活率在 80% 以上；到 10 日龄，幼虫存活率急剧下降到（36.18±3.178）%。当幼虫规格达（177.67±10.96）μm×（169.67±11.96）μm 时（表 1-2），足发达，伸缩频繁，面盘脱落，进入附着变态期；变态规格为（213.33±8.02）μm×（202.00±5.96）μm 时，变态率为（5.0±1.25）%；变态期间壳长、壳高生长速度分别为（8.46±0.42）μm/d、

（8.04±0.45）μm/d，变态时间持续 4～5 d。

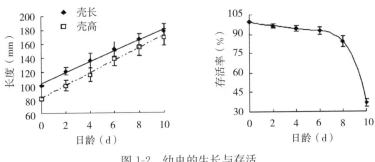

图 1-2　幼虫的生长与存活

1.1.2.4　稚贝的生长与存活

　　从图 1-3 可见，刚变态稚贝的壳长与壳高几乎相等，随着稚贝的生长，壳长与壳高比例逐渐增大。在水温 25～28 ℃、盐度 26～29、pH 7.8～8.4 及投喂小球藻和绿色巴夫藻的条件下，稚贝摄食量增加，生长速度加快。当稚贝规格达（309.17±9.17）μm×（301.67±10.81）μm 时（表 1-2），出现单水管，壳长、壳高生长速度分别为（32.19±20.63）μm/d、（28.75±19.71）μm/d；当稚贝规格达（1 158.33±9.31）μm、（1 067.50±10.84）μm 时（表 1-2），出现双水管，壳长、壳高生长速度分别为（53.07±40.43）μm/d、（47.86±38.22）μm/d。

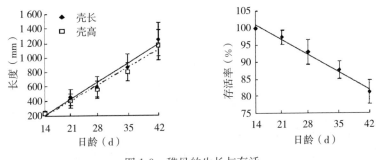

图 1-3　稚贝的生长与存活

　　稚贝的存活率随着日龄的增加而下降。40 日龄时，存活率为（81.2±3.36）%。不同附着基采苗效果的比较。当薄片镜蛤壳顶幼虫规格为（177.67±10.96）μm×（169.67±11.96）μm 时，幼虫由原来的浮游生活过渡到附着生活，此时可投放附着基。从表 1-3 可见，附着基不同，附着时间不等，变态期间生长速度、变态率也不同；试验结束时，各种附着基培育的稚贝大小不等，彼此间差异显著（$P<0.05$），以海泥中稚贝最大，从存活率上看，海泥中培育的稚贝存活率最高。综合生长、变态和存活指标，初步认为海泥是薄片镜蛤比较理想的附着基。

表 1-2 薄片镜蛤在不同发育阶段中的大小

类别	壳长×壳高（μm×μm）
壳顶幼虫前期	（120.67±5.53）×（100.33±7.87）
壳顶幼虫中期	（135.50±11.01）×（115.83±9.75）
壳顶幼虫后期	（166.50±8.11）×（154.67±11.44）
附着规格	（177.67±10.96）×（169.67±11.96）
变态规格	（213.33±8.02）×（202.00±5.96）
单水管稚贝期	（309.17±9.17）×（301.67±10.81）
双水管稚贝期	（1 158.33±9.31）×（1 067.50±10.84）

表 1-3 不同附着基采苗效果的比较

附着基	足面盘幼虫				稚贝		
	大小（壳长）（μm）	变态时间（d）	变态期间生长速度（μm/d）	变态率（%）	大小（壳长）（μm）	生长速度（μm/d）	存活率（%）
海泥（D≤0.13 mm）	177.67±10.96	4	8.89±0.75	25.36±584[a]	1 820.00±336.35[a]	64.28±5.94[a]	96.56±5.81[a]
细沙（D≤0.7 mm）	177.67±10.96	5	8.36±0.98	3.68±0.72[b]	1 320.00±256.47[b]	44.28±4.63[b]	68.20±5.21[b]
泥∶沙=1∶1	177.67±1 096	4	8.77±0.84	12.69±4.06[c]	1 520.17±280.64[c]	52.28±5.20[c]	90.13±7.28[a]
聚乙烯网片	177.67±10.96	5	8.08±0.67	2.12±0.55[b]	1 163.33±248.28[d]	38.00±4.82[d]	12.23±3.87[c]
无附着基	177.67±1 096	4	8.46±0.42	5.00±1.25[b]	1 248.00±234.69[e]	41.40±3.82[e]	81.20±3.30[a]

注：同列不同小写字母肩标代表差异显著。

环境因子对滩涂贝类卵孵化、幼虫生长、存活、变态及稚贝生长、存活有重要影响（Yan et al.，2006；陈觉民等，1989；李世英等，1996；林笔水等，1984；林笔水等，1983；孙虎山等，1999；汪心沅等，1995）。本试验期间，曾连续一周下大雨，造成海水盐度由原来的 27 下降到 23～24，pH 也由 8.4 下降到 7.5，这是否是导致幼虫变态率和存活率低的主要原因，有待于进一步研究。因此，应进一步开展盐度、温度、光照、pH、氨态氮等环境因子对薄片镜蛤卵孵化、幼虫生长、存活、变态及稚贝生长、存活影响的研究，确定幼虫和稚贝培育的最适水质指标和水质调控方法。饵料种类、搭配比例及饵料质量是影响育苗效果的重要因素，多种饵料混合投喂效果好于单一饵料投喂（何进金等，1981，1986；周荣胜等，1984）。本试验期间正值高温多雨季节，饵料品种比较单一，只有绿色巴夫藻和小球藻两种饵料，这也可能是幼虫和稚贝生长偏慢、成活率偏低的另一个原因。解决途径有：一是除金藻和小球藻外，还应培养角毛藻、盐藻等耐高温品种，尽量做到饵料多样化；二是进行亲贝人工促熟，提早繁育时间，避开高温多雨季节。附着基种类也是影响滩涂贝类幼虫变态和稚贝生长的重要因素（Yan et al.，2006；林志华等，2002；赵玉明等，2005；闫喜武，2005）。本试验结果表明，海泥的采苗效果好于其他附着基，这可能与薄片镜蛤的生活习性有关。

1.2 薄片镜蛤育苗繁育技术研究

薄片镜蛤以浮游植物为食，食物链短，生态效率高，对生态环境的维持和改善有重要作用，是一种名贵海产贝类，具有出肉率高、营养丰富、肉味鲜美、经济价值高等优点。

近年来，海洋生物资源的超强度开发利用导致海洋生态失衡不断加剧，薄片镜蛤的野生资源量逐年减少。为了保护海洋生物的多样性，维持海洋资源的可持续发展，恢复和发展这一珍贵海产经济贝类，开展薄片镜蛤的人工繁育研究具有重要意义。关于薄片镜蛤人工育苗的报道较少（王海涛等，2009；闫喜武等，2008），且均处于起步阶段。辽宁省营口市水产科学研究所开展了辽宁省大连市庄河海域日本薄片镜蛤的苗种繁育工作，以期为辽宁省日本薄片镜蛤的苗种繁育及规模化人工育苗提供理论依据。

1.2.1 种贝来源

本研究用 2～3 龄薄片镜蛤作为亲贝，于 2014 年 5 月采自大连市庄河近海，平均壳长 7.2 cm，平均壳高 7.1cm。亲贝采取干运法运输，即将种贝放入打孔泡沫保温箱（1m×0.5m×0.35m）中快速运输，运输时间为 2.5 h。

1.2.2 育苗条件

种贝暂养和幼体培育池容积为 10 m³，池内设有排水充气装置，使用前以 1∶10 HCl 清洗消毒。室内光照强度控制在 2 000lx 以下。附着基选用天然海区细沙经 40 目筛网初筛后，用沙滤海水充分清洗 4～5 遍。均匀撒在池底，厚度 1.0～1.5 cm。

大连市庄河海区薄片镜蛤在 6～7 月性腺发育成熟度最高，其繁殖盛期集中在 7、8 月（鹿瑶等，2015）。6 月下旬，选进种贝约 30 kg，平均壳长及壳高 7 cm，清洗干净后装于 40 cm×80 cm×5 cm 的塑料盘中，培育密度 20～30个/m²，置于培育池中。亲蛤运回后要及时放入室内暂养，水温与采捕水温尽量一致。亲蛤入池稳定 1 d 后开始循环换水，日换水 1 次，换水量 70%～100%。换水前及时剔除受伤种贝，清理池底污物，换水后适当投喂新鲜无污染的新月菱形藻和金藻。培育水温 20～22 ℃，定期镜检性腺发育情况，便于准确判断产卵时间。在种贝培育过程中，饵料是育肥促熟的关键，饵料品种及投喂量根据摄食情况、水温、水环境适当调整。

1.2.3 水质调控

天然海水沉淀池初步沉淀，沙滤罐黑暗沉淀后无阀过滤，150 目筛绢网二次过滤后注入培育池。盐度 22，pH 7.5～8.6。水质新鲜、干净无污物，符合我国渔业水质标准。当培育池内原生动物、细菌较多时，视实际情况向沉淀池内投撒 2～40 mg/L 漂白粉，晴天曝晒 1～5 d，检测无余氯后投入 EM 菌或枯草芽孢杆菌。

1.2.4 饵料培养

饵料品种为金藻、角毛藻、塔胞藻、小球藻，扁藻。一级藻种在容积为 5 L 的三角烧瓶中静置培养，二级培养在室外半封闭空间 50 L 白塑料桶内进行（搅棍搅动），三级培养在 10 m³ 连续充气的水泥池内，二级、三级饵料培养用水经次氯酸钠消毒，硫代硫酸钠中和后使用。附着基投放太晚，幼体体表尤其是水管表面易挂脏，影响运动及摄食。附着基种类也是影响滩涂贝类幼虫变态和稚贝生长的重要因素（Yan et al.，2006；赵玉明等，2005；闫喜武，2005）。本试验证明，薄片镜蛤附着基最好是经 40 目筛子筛过的天然海区海沙，经过自然海水清洗后投放，幼虫能够顺利附着变态、生长，这与闫喜武等（2008）海泥的采苗效果好于其他附着基、王海涛等（2009）薄片镜蛤的附着基以滩泥附着效果最好的说法略有差异，可能与附着基的选择及处理方式不同有关，在今后的生产过程中，对此可以进一步进行研究。

1.2.5 幼虫选优

孵化密度 5～6 粒/mL，孵化期间连续微量充气，增加海水溶氧量，满足幼虫的耗氧的同时也使培育池的水处于流动状态，使幼虫分布均匀，防止幼虫密度过大。为防止卵堆积于池底，孵化初期每 0.5 h 要进行上下轻搅 1 次。受精卵发育至 D 形幼虫时，用 300 目筛绢网将幼虫虹吸至提前备好新鲜海水的培育池充气培养，投喂金藻（密度 3 000 个/mL）。选育完的幼虫从第 2 天起虹吸分池并加水。

1.2.6 幼虫管理

幼虫培育密度 1～2 粒/mL。连续充气，光照度控制在 800 lx 以下，有利于幼体分布均匀和生长发育。投喂饵料 3 h 后镜检幼体的胃肠饱满度。定期检测培育池水质，测量幼虫的生长和发育情况，并做好记录，发现问题及时处理。饵料是幼虫生长发育的物质基础，是幼虫培育成败的关键。在薄片镜蛤幼虫培育期间，前期金藻为主，小球藻为辅；幼虫培育后期主要投喂扁藻，金藻为辅。每次投喂前要镜检幼体摄食情况和水中饵料量，及时调整投饵量与投饵次数。具体日常管理见表1-4。

表1-4　幼体培育期间的日常管理

项目	D形幼虫	壳顶初期	壳顶后期	匍匐幼虫
换水次数（d）	1	1	1～2	1～2
换水量	1/4～1/3	1/3～1/2	1/2	1/2～4/5
饵料投喂 （×10⁴个/mL）	金藻 0.3～0.6	金藻 0.3～0.6； 小球藻 0.3～0.6	金藻 0.8～1.2； 小球藻 0.3～0.6	小球藻 1.5～2.0； 金藻 0.5～1.0；扁藻 0.5

1.2.7　附着基的投放

在产卵 10 d 后，幼体壳长达到 220～250 μm，培育池水中极少见到幼体，绝大部分幼体已下沉，吸底镜检发现变态基本完成。这时要投放附着基，然后进行大换水，加大饵料投喂量，以扁藻和塔胞藻为主，角毛藻和金藻为辅。

1.2.8　稚贝的管理

营口海区水质较肥，天然饵料丰富，随着薄片镜蛤稚贝生长，引入室外沉淀池海水（经 150 目筛绢网过滤），利用海水中天然饵料，减轻室内单胞藻培养的压力，保证稚贝营养均衡。视具体情况辅助投饵。9 月 2 日，稚贝出池，平均壳长 0.4 cm，出苗量 1 200 万枚。

1.2.9　产卵量、卵径、孵化率及 D 形幼虫大小

薄片镜蛤雌雄异体，雌性性腺呈淡橘红色，雄性性腺呈乳白色。壳长 7.2 cm 的薄片镜蛤雌性个体每次产卵量可达 300 万粒。卵属沉性卵，卵径 68～70 μm。该试验共产卵 3 000 万枚，D 形幼体孵化率 90%，D 形幼虫大小（壳长×壳高）为 100 μm×80 μm。薄片镜蛤幼体在壳长 210 μm 左右时开始变态，此时可投放附着基。该试验薄片镜蛤幼体变态率达到 83.3%。

1.2.10　幼体的生长发育

水温 27～28 ℃时，薄片镜蛤受精卵经 15～18 h 可发育至 D 形幼虫。幼体的发育过程见表1-5。

表 1-5 幼体的发育过程

D形幼体发育时间	壳长（μm）	幼体状态	饵料投喂
4 d	170～180	部分幼体开始形成足，由浮游幼虫向匍匐幼虫过渡，摄食量突然增大	投喂扁藻，金藻效果较好
7 d	180～200	足基本形成，仍为浮游状态	金藻、小球藻、扁藻混合投喂
9 d	200～230	水中极少幼体，绝大部分薄片镜蛤幼体已下沉，变态基本完成	扁藻
11 d	280～320	吸底镜检幼体，活力较好，水管表面不平滑，有小突起，且水管较长	室外天然海水饵料
13 d	360～400	幼体活力较好，足运动较快	室外天然海水饵料
16 d	450～500	幼体的水管较长，足强健有活力，壳缘弧度明显，形状接近成蛤	室外天然海水饵料
21 d	600～700	形状已和薄片镜蛤成蛤完全一致，活力较好	视具体情况增加换水次数
28 d	1 000～1 200	足运动有力，活力好	引进室外天然海水，加大换水次数

由表 1-5 可知，薄片镜蛤在温度 27～28 ℃时幼体发育较快，D 形幼体经 28 d 壳长可达 1.0～1.2 mm，这与王成东等（2014）的薄片镜蛤幼虫生长的适宜温度为 22～30 ℃、最适生长温度为 26 ℃差别不大。

9 月 2 日出苗，出池平均壳长 0.4 cm 的稚贝 1 200 万枚，单位面积出苗量 40 万枚/m²，养殖成活率较低。主要原因为：幼体生长后期也就是 8 月，水温较高，进入玻璃海鞘繁殖的高峰期，其附着于池底及池壁，稚贝被吸附现象较严重，成活率下降。出池的幼贝人工均匀播撒于室外泥沙底的海水池塘中（池塘事先泼洒清塘药物消毒，幼贝投放前对池塘水质指标进行测定，确定符合渔业水质标准）。

幼贝培育后期个体大小差异较大，生长速度较慢。原因可能为：换水不及时，换水量不够，随着稚贝生长初期培育密度较高，导致稚贝生长所需饵料供应不足；幼贝培养后期尤其是 8 月，池底及池壁附着生长了大量玻璃海鞘，其表面黏附了大量稚贝，严重限制了稚贝的运动及摄食，导致其生长变慢且个体差异较大。因此，在今后的薄片镜蛤育苗生产中，为避免分池移池对其损伤，可在出池规格一定的前提下提前计划好初期培育密度及初期附着密度，及时换水投饵，在玻璃海鞘大量生长之前出池或是产生玻璃海鞘之时倒池清理，保证稚贝健康生长。

2

环境因子对贝类繁殖周期及
生化成分周年变化的影响

2.1　环境因子对贝类繁殖周期的影响

2.1.1　水温的影响

水温影响贝类的自然繁殖和种群动态，对很多海洋贝类的性腺发育都有重要的影响。水温可以通过影响贝类新陈代谢、体内相关酶活性、蛋白酶的空间结构及基因表达的方式来直接影响贝类的生长繁殖。也可以通过影响水体中浮游植物的数量来间接地影响贝类的生长繁殖。一般而言，在温度适宜的前提下，贝类性腺的发育速度与新陈代谢速率呈正相关（王如才和王昭萍，2008）。但是 Fearman（2010）对紫贻贝的研究发现，随着水温的升高，更多的能量被用于新陈代谢，而用于性腺发育的能量减少，从而导致紫贻贝的配子形成速率降低，水温是通过调节贝类的能量平衡来影响其性腺发育速度的。

温度会对配子发生过程有很大的影响（Giese，1969）。自然界的极端环境温度下，双壳贝类的繁殖无明显的无季节性。例如在全年水温偏高且月间变化不明显的热带地区，双壳贝类可以获得充足的能量，显示多个产卵期，在许多热带贝类物种中，如珠母贝（*Pinctada margaritifera*）和白珠母贝（*Pinctada albina sugillata*）中都观察到了此种现象（O'connor，2002；Pouvreau et al.，2000）。对于一些极地物种而言，如南极鸭嘴蛤（*Laternula elliptica*）和南极扇贝（*Adamussium colbecki*），由于生活环境的水温常年较低，配子形成到成熟的过程需要一年以上（Peck，2007）。在温带地区，受温度和食物的季节性变化影响，双壳贝类的繁殖周期往往表现为明显的季节规律。

不同种贝类或同种贝类的不同种群，其繁殖周期皆不完全相同（Seed and Brown，1975；Barber and Blake，1981；Navarro et al.，1989；Ruiz et al.，

1992）。Chávez-Villalba 等（2002）在总结以往学者的研究工作时发现，法国太平洋牡蛎的性腺发育周期尤其是产卵期长短都受到其地理分布的影响。Lango-Reynoso 等（2000）发现法国太平洋牡蛎两个不同地理群体都表现出明显的季节规律，但是其配子发育受地理分布的影响，北部太平洋牡蛎种群卵母细胞的发育速度普遍快于南方的长牡蛎种群。Ruiz 等（1992）对不同地理种群的太平洋牡蛎的性腺发育分期进行了研究，结果表明，在水温高于 17 ℃的海区经常观察到处于成熟期的太平洋牡蛎个体，而在最高水温不超过 16 ℃的海区，很难见到成熟期的太平洋牡蛎个体。Loosanoff 和 Davis（1952）研究了水温和美洲牡蛎性腺发育成熟所需天数之间的关系。实验的温度范围为10～30 ℃，研究结果表明 15 ℃时性腺发育成熟需要 26.5 d，30 ℃时性腺发育成熟只需 4.9 d。

温度是影响贝类配子发育起始的因素，Deslous Paoli 等（1988）研究证明，在水温较低的冬季太平洋牡蛎配子发育受到抑制，当温度达到一定值，即生物学零度时，配子才开始发育。低温会抑制贝类的性腺发育（Loosanoff and Davis，1952），当温度低于 5 ℃时，贻贝的性腺发育受阻（Bayne，1965）。贝类的种类及其生活环境都会造成生殖配子发育起始所需生物学零度的不同。除了生物学零度，影响贝类性腺发育的另一个关键因素是有效积温，足够的有效积温是贝类性腺发育成熟的必要条件（Ruiz et al.，1992）。贝类对水环境温度变化的耐受力不是一成不变的，这主要受贝类物种、种群、贝类所处的发育时期及其生存环境中的其他因素的影响，耐受力随影响因素的改变而变化。贝类的种类、分布的区域及生理状态等因素都会影响贝类胚胎发育的生物学零度及性腺发育的有效积温（Wilson and Simons，1985），许多双壳贝类，如牡蛎、蛤仔、贻贝、扇贝，在亲贝促熟过程中通过控制温度来调整配子发育的速度和时间（Chávez-villalba et al.，2002；Han et al.，2008；Martínez and Prez，2003）。在贝类人工育苗过程中，控制温度来进行亲贝性腺促熟已经在许多双壳贝类中应用。

贝类成熟配子的排放，需在一定的外界温度条件下才可以进行，Mann（1979）研究表明，长牡蛎产卵需要最低温度，达不到一定的温度即便性腺发育成熟也无法产卵。许多种类的贝类配子排放发生在水温上升的季节，并且是在全年水温均值最高的季节（Ke and Li，2013；Li et al.，2009）。

水温可以影响水体中浮游植物的含量，从而间接影响贝类的繁殖周期，较高的水温季节，温暖的水温条件提供了充足的饵料，为幼虫的生长发育提供足够的营养物质。Laruelle 等（1994）研究发现，水温可以直接影响双壳贝类的生理过程或者间接影响其食物丰度，因为这些物种的个体增长和性腺发育都发生在温度升高、叶绿素 a 含量增加的春季。

2.1.2 饵料的影响

海洋贝类的性腺发育与能量的储存利用密切相关，饵料是贝类新陈代谢的物质基础，是获取能量的主要来源。海洋贝类大多是滤食性种类，利用外套膜上的鳃丝过滤海水中的浮游植物、腐殖质及碎屑等作为饵料，其中浮游植物是滤食性贝类最主要的饵料来源，浮游植物种类多、数量大，是海洋初级生产力的主要贡献者，是海洋食物链的基本环节。水环境中浮游植物的种类和丰度直接决定着贝类机体营养物质的累积。贝类性腺的生长和发育需要的能量和营养物质，来源于机体内储存的营养物质，因此贝类的繁殖周期也受到水体中浮游植物的种类和含量的影响（Navarro et al.，1989；Ruiz et al.，1992；Liu et al.，2010；Thompson et al.，1996）。

Vélez 和 Epifanio 等（1981）发现，只有同时满足紫贻贝发育所需的温度和饵料丰度的情况下，其性腺发育才能正常进行。Starr 等（1990）发现只有水体中存在丰富的浮游饵料时，才能诱导紫贻贝产卵。Meidel 等（1998）对不同种群的绿海胆进行了繁殖生物学的研究，发现食物丰度不同导致了其性腺指数的差异。滕爽爽等（2012）对泥蚶性腺发育进行了周年观察，并对其养殖环境做了周年调查与分析，发现大部分泥蚶个体在 6～7 月性成熟，此时水温和海水中叶绿素 a 含量达到最高，性成熟与海水中浮游植物数量增加密切相关。Liu 等（2010）研究发现在饥饿胁迫下配子发生推迟。

初级生产力水平及浮游植物现存量有效指标是叶绿素 a 含量，研究者目前多采用叶绿素 a 的浓度对海水中浮游植物的含量进行估计，以叶绿素 a 为指标探讨饵料丰度与贝类繁殖周期的关系（Dridi et al.，2007；Liu et al.，2008；Newell et al.，1982；Yan et al.，2010）。贝类繁殖期主要发生在饵料丰富的月份，有利于后代的生长发育（Park et al.，1999；2001）。

2.1.3 其他环境因子的影响

海洋贝类的繁殖周期除受水环境的温度和食物丰度影响外，盐度、透明度和叶绿素 a 也会对其产生直接或间接的影响。Kang 等（2007）对中华朽叶蛤（*Coecella chinensis*）的繁殖周期进行了观察，发现盐度是一个重要的影响因素。盐度对繁殖周期的影响还在杂色蛤和紫贻贝中观察到。Suja 等（2007）研究了两个位于印度不同地理位置杂色蛤种群的繁殖周期，结果表明，虽然两地雨季的起始时间及持续时间均不一致，但两个地理群体的杂色蛤均在雨季过后，水环境中盐度较低的季节开始产卵。Li 和 Ke 等（2013）发现紫贻贝一年有两个繁殖周期，分别出现雨季的 6 月和 9 月，此时水体盐度为全年最低，叶绿素 a 含量出现两个峰值。

2.2 海洋贝类性腺发育阶段的划分

贝类繁殖周期的早期研究主要包括：性腺外观颜色变化、条件指数和性腺指数等的形态学观察和描述。近年来组织切片技术在生物学研究中的应用日益广泛，研究者通过镜检观察贝类性腺组织切片中的精巢、卵巢形态和其中生殖细胞的大小和构成比例来进行发育时期的划分（Darriba et al.，2005；Gallucci and Gallucci，1982；Ivell，1979；Serdar and Lök，2009；Yan et al.，2010）。学者们对贝类性腺发育进行分期所采用的指标有：性腺大小、色泽、形状、生殖细胞发育情况、雌性生殖细胞直径大小、不同发育期配子比例等指标，学者们采用的分期方法有所差别，故而不同学者对贝类做出的繁殖周期划分也不尽相同。Delgado 等（2005）将贝类的性腺发育周期分为六个时期，各时期性腺特征如下：

①休止期：无性腺滤泡，结缔组织和肌肉组织充满从消化腺到足的整个区域，不能分辨雌雄。

②形成期：无法从外观上鉴别雌雄。雌雄个体中开始有性腺滤泡出现，滤泡数量增加，体积不断增大。雌性个体滤泡呈椭圆状，滤泡中出现卵母细胞，雄性滤泡壁中开始有精原细胞出现。

③增殖期：性腺占据了内脏团的绝大部分。肌肉和结缔组织所占比例下降。在形成期后期，雌性个体的生殖细胞大量增殖，滤泡腔中央出现少量游离的卵，卵母细胞通过短柄附着在滤泡壁上；雄性个体滤泡腔中充满了精细胞和精母细胞，并有少量精子出现。

④成熟期：大部分性腺发育成熟。雌性个体滤泡壁很薄，成熟的卵子脱离滤泡壁，大量的成熟的卵子充满滤泡腔；雄性个体滤泡中充满了成熟的精子，精子呈辐射状排列。

⑤排放期：成熟的配子排出。由于配子的排放程度不同，不同个体、同一个体不同性腺滤泡形成的空腔也大小不一，滤泡壁破裂，滤泡之间出现空隙。

⑥耗尽期：滤泡相对较空，分布松散，滤泡间隙充满结缔组织。滤泡中只有少量未排尽的精子和卵子。

也有学者将性腺发育分成 7 个阶段（Darriba et al.，2004），相较于 6 阶段而言，在排放期和耗尽期中间多了一个恢复期。此外，Sujae 和 Gauthier-Clerc 等（2007）学者测量雌性个体卵母细胞的直径，根据雌性生殖细胞直径大小及特点等贝类性腺发育进行分期。

生存环境的不同或种类的不同皆会导致贝类形成不尽相同的繁殖策略，因此它们的性腺发育也具特定的特点，在对贝类的性腺发育过程进行划分时，应根据其栖息环境和种类，选择合适的参考标准来对其进行阶段划分。

2.3 海洋贝类繁殖过程中的生化组分变化

生化成分的季节变化于双壳贝类的繁殖周期密切相关。海洋贝类繁殖过程中需要能量，这来源于在整个繁殖周期不同阶段的获取或积累，能量储存形式和储存部位因物种和种群而异。贝类对能量的需求也受很多因素的影响，如：沿海地区和近岸滩涂是多数海洋贝类栖息的场所，有水温、盐度、食物丰度等环境因素变化频繁的特点；多数贝类体型不大，生长快，繁殖生长过程中能量消耗大。受外界和内部两方面因素的影响，海洋贝类需要采取与自身生长环境相适应的繁殖策略，体现出的季节性的代谢活动是其食物、生境、生长和繁殖周期之间的复杂的相互作用引起的，所以不同的物种或不同的地理群体繁殖策略都不完全相同（Dridi et al.，2007；Liu et al.，2008；Ansell，1972；Walne and Mann，1975；Robert et al.，1993；Kang et al.，2000；Li et al.，2000；Ren et al.，2003；Ojea et al.，2004）。

Bayne（1976）根据配子产生过程中能量来源的不同，将海洋贝类的繁殖模式分为两种：保守种，如菲律宾蛤仔（*Ruditapes philippinarum*）（Robert et al.，1993）、魁蚶（*Scapharca broughtonii*）（Park et al.，2001）和小狮爪海扇蛤（*Nodipecten subnodosus*）（Racotta et al.，2003）；机会种，如粉红深海樱蛤（*Bathytellina citrocarnea*）和团结蛤（*Abra profundorum*）。

就机会种而言，能量的积累伴随着性腺的发育同步进行，配子启动的能量来源是新摄取的食物；保守种则在配子形成之前将摄入的食物转换成能量物质储存在体内，完成能量的累积，以满足配子启动对能量的需求。不同物种能量物质的储存部位不同，同一物种不同能量物质的储存部位也不同：扇贝的蛋白质储存在闭壳肌中（Barber and Blake，1981；Epp et al.，1988），贻贝的糖原储存在糖原细胞中，而脂肪和蛋白质则储存在特定的储能细胞中（Xiao，1994；Mathieu and Lubet，1993）。

2.3.1 糖原

碳水化合物是生命活动的主要的能量物质，此外，碳水化合物还作为结构元素，参与生物大分子的构建，有重要的生物功能（Robledo et al.，1995）。糖原作为储能物质储存在体内，当双壳贝类机体生长发育过程需要能量时，糖原分解成葡萄糖，转化成能量，糖原含量可以作为评价贝类营养状况的一个指标（Uzaki et al.，2003）。

繁殖周期和糖原储存之间的关系已经在许多海洋双壳贝类中得到了阐述，

如太平洋牡蛎（Ren et al.，2003）；悉尼岩牡蛎（Honkoop，2003）、智利扇贝（Farias et al.，1997）、弓状蛏（Darriba et al.，2005）、贻贝（Zandee et al.，1980）。食物匮乏时，作为能量物质储存在肌肉组织中的糖原，可以为贝类生殖细胞的生长发育提供能源（Serdar and Lök，2009）。Ruiz（1992）的研究发现，牡蛎全年糖原含量最低值出现在食物丰度最低的冬季，随后糖原含量不断增加，与浮游植物的数量成正比；有研究表明，雌性贻贝性腺发育的过程中，软体部糖原的含量与脂肪含量呈负相关（Bayne，1965；Gabbott，1975）。Gabbott（1975）研究发现，贝类体内储存的糖原通过分解作用形成葡萄糖，葡萄糖经呼吸作用为新陈代谢提供能量，同时，葡萄糖作为卵黄蛋白的前体物质，参与卵黄蛋白的合成。

环境因素对海洋贝类糖原的储存和利用有重要的影响，Dridi 等（2007）发现，在太平洋牡蛎排放期前后一段时间内，其性腺-内脏团中的糖原含量出现了一个明显的下降过程，而此时生活海区中的浮游植物含量丰富，糖原含量下降的原因不能归结为食物丰度低，而是在配子迅速发育期间，太平洋牡蛎对能量需求升高造成的。

2.3.2 脂肪

海洋贝类繁殖周期中脂肪作用的研究主要分为三个阶段。第一阶段：20世纪 60 年代，主要研究内容是对海洋贝类软体部脂肪的抽提及脂肪酸分析，Gises（1969）做了脂肪对无脊椎动物生理作用的初步阐述。第二阶段：20 世纪 70—80 年代，注重分析不同贝类体内脂肪含量的季节性变化与贝类繁殖周期之间的关系。第三阶段：20 世纪 90 年代以后，将环境因子纳入研究范围，研究环境对贝类体内脂肪含量的影响，将软体部细化为多个组织，认为分组织研究比研究整个个体更能反映出脂肪成分变化与生长和繁殖周期之间的关系。

脂类是生物体重要的组成部分，不仅参与细胞膜系统的构建，还可以进行激素水平的调节（固醇、类固醇），此外，脂肪还是生物体最重要的储能物质。贝类在食物充足的季节，大量摄取食物，将能量转化为脂肪储存在体内，当环境中食物短缺时，可分解脂肪释放大量的能量，维持个体的生命活动。脂肪对贝类繁殖活动的影响已经得到了很多阐释（Holland，1978；Thompson and Macdonald，2006；Park et al.，2011；Beninger and Lucas，1984）。

Yan 等（2010）对缢蛏繁殖过程中脂肪含量的周年变化进行了研究，结果表明，雌性缢蛏性腺中的脂肪含量在卵子成熟时达到最大值，之后随卵子的排出降低，而雄性性腺脂肪含量在此期间呈现相反的趋势；此外还观察到了其他组织（足、闭壳肌、外套膜）为配子发生供能的现象。Roman 等（2002）发现，女王海扇蛤（*Aequipecten opercularis*）消化盲囊中储存的脂肪为繁殖过程提供能量。

2.3.3　蛋白质

卵黄蛋白是海洋贝类卵黄的重要组成部分，为胚胎的发育和早期浮游幼虫的发育提供营养；卵黄蛋白储存在卵黄中，随着卵母细胞的成熟而大量迅速累积（Holland，1978）。Suzuki 等（1992）首次从太平洋牡蛎软体部分离出卵黄蛋白类似物。许多贝类性腺蛋白含量最大值出现在产卵前，而天鹅绒海扇贝和海扇贝等一些种类中却没有发现随性腺发育进行，性腺中蛋白含量的积累的现象（Dridi et al.，2007；Park et al.，2001；Epp et al.，1988；Holland，1978；Li et al.，2006）。

Berthelin 等（2000）研究发现，当贝类体内的糖原含量不足以维持生命活动时，蛋白质也可作为能量物质。Riley（1976）对太平洋牡蛎进行饥饿处理，发现饥饿期间，蛋白质和脂肪是主要的供能物质。Whyte 等（1990）对成年长牡蛎进行了为期 405 d 的饥饿胁迫实验，结果表明，完全饥饿组能量物质的消耗比例分别为：蛋白质，44%；糖原，33%；脂肪，23%。蛋白质为主要供能物质。在对照组和半饥饿组中，蛋白质同样是最主要的能量来源。

2.3.4　RNA/DNA

DNA 与 RNA 对蛋白质的编码和合成有重要作用，在成熟的体细胞中，DNA 的含量是稳定的，而 RNA 的含量则随着蛋白质合成速率的不同有一个较大的波动，所以 RNA/DNA 比值可以反映出细胞中蛋白质合成速率，也可作为贝类短期生长的灵敏指标（Garlick et al.，1976）。许多学者研究发现水生动物体内 RNA 的含量及 RNA/DNA 比值与生长速率正相关（Buckley，1984；Holland and Hannant，1973；Moss，1994；Shcherban，1992）。但是有些学者的研究却不同，Pease 等（1976）研究发现牡蛎的生长与其体内 RNA/DNA 值间并无显著性关系，Frantzis 等（1993）也没有在蛤蜊的生长过程中发现 RNA/DNA 值与其生长有关联。营养条件不同，幼体的生长速率不同，且幼体的生长主要表现为蛋白质的合成，考虑到 RNA 含量与蛋白质浓度正相关，而 DNA 的含量基本稳定，所以，RNA/DNA 比值可以作为反映生长情况和营养状况的指标（Wright，1985）。此外，RNA/DNA 比值还可以反映贝类性腺成熟度，如扇贝（Robbins et al.，1990；Roddick et al.，1999）、紫石房蛤（Li et al.，2006）和褶牡蛎（Kim et al.，2005）。Li 等（2000）发现太平洋牡蛎性腺的 RNA/DNA 值、卵母细胞的生长和蛋白质的含量等指标具有明显的季节性。

薄片镜蛤繁殖周期及生化成分的
周年变化研究

3.1　薄片镜蛤的繁殖周期研究

近年来，海洋生态失衡不断加剧，对海洋生物资源超强度的开发利用导致薄片镜蛤的野生资源量逐年减少，因此，开展薄片镜蛤的繁殖生物学与人工繁育技术研究，并根据薄片镜蛤的繁殖周期制定合理的禁捕期是迫在眉睫的。国内外学者关于薄片镜蛤的研究报道较少，目前仅在人工育苗技术和幼虫养殖生态等方面有所报道（闫喜武等，2008；王海涛等，2010；王成东等，2014），对薄片镜蛤性腺发育周期的研究尚未见报道。本研究调查了辽宁省大连庄河地区薄片镜蛤的繁殖周期和海区环境因子的周年变化，以期为薄片镜蛤野生种质资源的保护及人工育苗的开展提供科学依据。

3.1.1　材料与方法

3.1.1.1　采样海区与样品采集

实验用薄片镜蛤采自辽宁省大连市庄河海区（图 3-1），位于大连市东北部，地理坐标为东经 $122°45'—122°55'$，北纬 $39°40'—39°50'$。2013 年 8 月至 2014 年 7 月，每月中旬采样一次，每次采取壳形完整、无明显机械损伤的个体 80～100 个，鲜活运回实验室，暂养 24 h 待用。取 30 个活力旺盛的薄片镜蛤个体，测量壳高、壳长、壳宽、总重、壳重、软体部重。

3.1.1.2　环境因子

2013 年 8 月至 2014 年 7 月，每月中旬采样海区的温度和盐度用海水表层温度计和便携式折射计现场测定，同时采集采样海区的水样 4～5L，避光保存，与采集的薄片镜蛤一起运回实验室，采用《海洋监测规范》（GB 17378—2007）的方法对叶绿素 a 的含量进行测定。

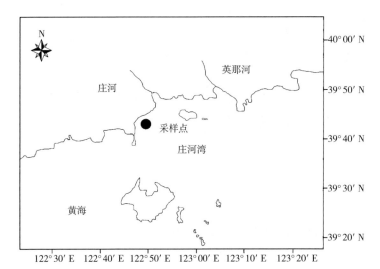

图 3-1　采样海区地理位置

3.1.1.3　CI 指数

CI 指数中文含义：在 100 ℃的恒定重量下，将肉从壳中分离出来，估计了干肉和壳的重量，作为混合样品进行干燥，得到条件指数（CI）。

每月取活力好的薄片镜蛤 10～15 个，解剖，将软体部和壳完全分离，将电热鼓风干燥箱调至 105 ℃，烘干至恒重，准确称量每个软体部干重和其对应的壳干重（精确到 0.01 g），按下式计算 CI 指数（Walne，1976）。

$$CI 指数＝（软体部干重/壳干重）×100\%$$

3.1.1.4　GI 指数

GI 指数是性腺发育指数，每月薄片镜蛤性腺发育分期的统计结果按下式计算，得出 GI 指数。雌雄分别计算。

GI 指数＝（∑每个时期的个体数×分期等级）/每月总个体数（Seed and Brown，1975）

各分期等级用以下数字表示：休止期（0）；形成期（3）；增殖期（4）；成熟期（5）；排放期（2）；耗尽期（1）。

3.1.1.5　组织学

每月取 40～50 个薄片镜蛤，解剖，切取 1 cm 厚的性腺内脏团组织，立即放入波恩氏液中固定，24 h 后换入 70%的酒精中保存。用解剖刀将固定好的样品进一步修整成形状规则的小块，酒精梯度脱水，石蜡包埋切片（6 μm），二甲苯脱蜡，H-E 染色，二甲苯未挥发完全前用中性树脂封片。完成的组织学切片置于显微镜下观察，区分雌雄，并按表 3-1 标准统计每月薄片镜蛤的发育情况。每月选取 5～8 张雌性薄片镜蛤的组织学切片，每张至少随机测量 3

个滤泡中的卵细胞直径。

3.1.1.6 数据分析

数据统计分析采用 SPSS 19.0 软件处理。对 CI 指数数据的月间差异采用单因素方差分析进行显著性检验（$P<0.05$）。性比数据进行 χ^2 检验。

3.1.2 结果

3.1.2.1 环境因子的周年变化

采样海区海水温度、盐度的月变化分布（图 3-2）表明，海水温度从 2013 年 8 月至翌年 2 月逐渐降低，随后逐步回升，呈现春天上升、夏天稳定、秋天降低、冬天保持在较低水平的变化规律。全年最高气温和最低气温分别出现在 2013 年 8 月和 2014 年 2 月，水温周年变化于 $-3.8 \sim 25.2\ ℃$ 之间。盐度的周年变化波动不大，变化于 26.0～32.0 之间。最低值出现在 2013 年 8 月，可能由于采样月份降水量较大所致。

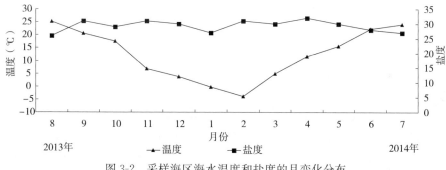

图 3-2　采样海区海水温度和盐度的月变化分布

采样海区海水叶绿素 a 含量的月变化分布（图 3-3）显示，11 月叶绿素 a 含量最低（3.67 μg/L），随后持续上升，6 月达到最大值（13.20 μg/L）。结果表明叶绿素 a 含量春、夏季高，秋、冬季低，有明显的季节规律。

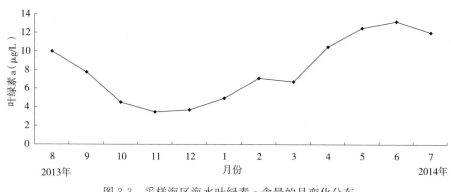

图 3-3　采样海区海水叶绿素 a 含量的月变化分布

3.1.2.2 形态学和 CI 指数的周年变化

薄片镜蛤形态学的周年变化如表 3-1 所示。

表 3-1 薄片镜蛤的形态学描述（$n=30$）

时间	长（cm）	宽（cm）	高（cm）	总重（g）	软体重（g）	壳重（g）
2013.08	47.61±3.44	19.58±1.32	47.09±3.22	24.69±4.83	7.06±1.39	11.12±2.56
2013.09	53.06±3.51	21.16±1.66	51.30±3.76	34.03±6.98	8.98±2.00	15.26±2.96
2013.10	54.64±4.46	21.80±2.26	52.67±4.85	36.85±10.19	10.27±2.76	16.38±4.30
2013.11	47.57±3.89	18.41±1.97	45.01±3.67	23.12±5.59	7.86±2.17	10.06±2.38
2013.12	45.68±2.72	18.35±1.39	44.17±2.41	21.20±3.63	4.93±0.93	9.33±1.57
2014.01	49.1±2.32	19.67±1.45	48.42±2.51	27.27±5.07	6.10±1.16	12.55±2.23
2014.02	52.46±2.34	21.57±1.26	51.27±2.54	33.94±5.34	8.17±1.50	15.55±2.76
2014.03	49.15±2.41	19.61±1.06	47.30±2.64	25.98±4.04	5.76±1.01	11.4±2.01
2014.04	51.49±2.61	20.73±1.28	50.40±2.19	30.77±4.99	6.92±1.02	14.02±2.67
2014.05	51.58±2.69	21.21±1.54	49.49±3.42	31.05±5.56	8.92±1.54	14.09±2.48
2014.06	54.48±2.44	21.77±1.12	52.23±2.95	34.95±5.38	11.52±2.03	15.54±2.44
2014.07	47.46±4.46	17.88±3.69	45.69±5.19	28.81±5.28	8.41±1.90	13.15±2.38

薄片镜蛤 CI 指数的月变化分布（图 3-4）显示，2013 年 8 月开始，CI 指数逐渐上升，11 月达到全年最大值 17.86%，12 月至翌年 4 月，CI 指数波动不大，变化于 9.79%～12.05%之间。5 月 CI 指数逐渐上升，6 月迎来了全年的次高峰，CI 指数为 16.91%，之后下降。

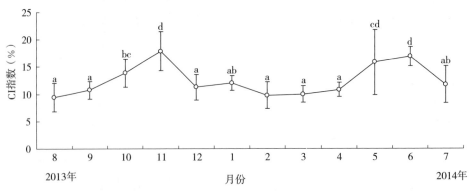

图 3-4 薄片镜蛤 CI 指数的月变化分布

不同的小写字母表示差异显著（$P < 0.05$）

3.1.2.3 繁殖周期

性腺发育分期参考 Delgado 等（2005）对性腺发育分期的描述，将薄片镜蛤发育过程分成 6 个部分（表 3-2）。

表 3-2 薄片镜蛤性腺发育分期及描述

时期	性腺发育过程
休止期	无性腺滤泡，结缔组织和肌肉组织充满从消化腺到足的整个区域，不能分辨雌雄
形成期	无法从外观上鉴别雌雄。雌雄个体中开始有性腺滤泡出现，滤泡数量增加，体积不断增大。雌性个体滤泡呈椭圆状，滤泡中出现卵母细胞（彩图 1 A）；雄性个体滤泡狭长，滤泡壁中加夹杂着 2～3 层精原细胞，滤泡腔中空或出现少量精原细胞和精母细胞（彩图 1 G）
增殖期	性腺占据了内脏团的绝大部分。肌肉和结缔组织的含量进一步下降。在形成期后期，雌性个体的生殖细胞大量增殖，滤泡腔中央出现少量游离的卵，卵母细胞通过短柄附着在滤泡壁上（彩图 1 B）；雄性个体滤泡腔中充满了精细胞和精母细胞，并有少量精子出现（彩图 1 H）
成熟期	大部分个体发育成熟。雌性个体滤泡壁很薄，成熟的卵子脱离滤泡壁，大量的成熟的卵子充满滤泡腔（彩图 1 C，D）；雄性个体滤泡中充满了成熟的精子，精子呈辐射状排列（彩图 1 I，J）
排放期	成熟的配子排出。由于配子的排放程度不同，不同个体、同一个体不同性腺滤泡形成的空腔也大小不一，滤泡壁破裂，滤泡之间出现空隙（彩图 1 E，K）
耗尽期	滤泡相对较空，分布松散，滤泡间隙充满结缔组织。滤泡中只有少量未排尽的精子和卵子（彩图 1 F，L）

图 3-5 显示了薄片镜蛤性腺发育的月变化分布。观察组织切片发现，薄片镜蛤的性腺发育有明显的季节性，在一个生殖周期中雌雄发育基本同步。性腺成熟起于 6 月，分别有 42.1% 和 20.0% 的雌雄个体处于成熟期。7 月，性腺进一步发育，分别有 76.5% 和 72.2% 的雌雄个体处在成熟期。配子的排放集中在 7、8 两个月。7 月，33.5% 的雌性个体和 27.8% 的雄性个体处在排放期。8 月，45.5% 的雌性个体和 72.2% 的雄性个体处于排放期，54.5% 雌性个体和 27.3% 雄性个体处于耗尽期。9 月至翌年 2 月，薄片镜蛤性腺发育一直停留在形成期，变化不大，其中 9 月到 11 月，性腺略有生长。雌性的增殖期始于 3 月，雄性的增殖期始于 2 月。周年切片观察未发现休止期。

性比统计共对 587 个薄片镜蛤个体进行了组织切片，性比月变化如图 3-6 所示，结果显示雌性占 53.7%，雄性占 46.3%，未发现雌雄同体现象。雌雄比例为 1.158∶1。经 χ^2 检验，该比例与期望比值（雌∶雄＝1∶1）间无显著差异（$\chi^2 = 3.15$；$df = 1$；$P < 0.05$）。

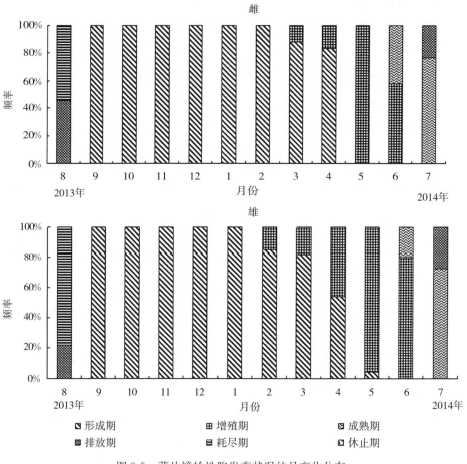

图 3-5　薄片镜蛤性腺发育状况的月变化分布

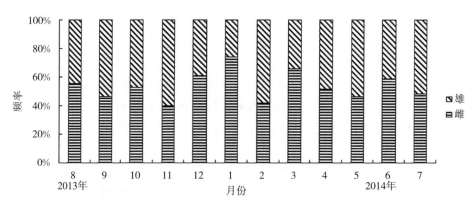

图 3-6　薄片镜蛤性别百分比月变化分布

雌性生殖细胞直径：

图 3-7 显示了薄片镜蛤雌性生殖细胞直径的月变化分布。9 月到翌年 4 月，绝大多数的雌性个体处于形成期，其中 9、10、11 三个月性腺有一定程度的发育，12 月至翌年 4 月，雌性生殖细胞直径变化很小（22.8～25.5 μm），全年最小值出现在 12 月（22.8 μm）。5 月，多数个体进入增殖期，雌性生殖细胞直径迅速增大，7 月达到全年最大值（56.9 μm）。

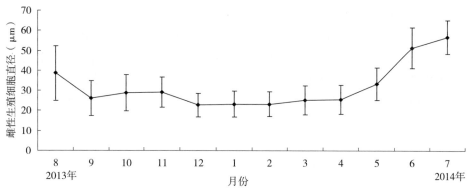

图 3-7　薄片镜蛤雌性生殖细胞直径的月变化分布

GI 指数的周年变化：

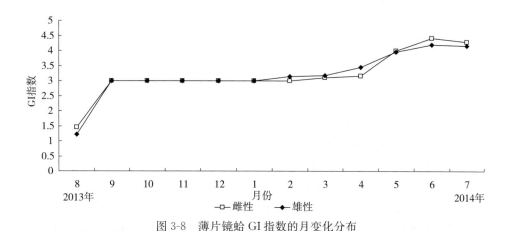

图 3-8　薄片镜蛤 GI 指数的月变化分布

图 3-8 显示了薄片镜蛤 GI 指数的月变化分布。8 月，薄片镜蛤配子大规模排放，GI 指数出现全年最低值（雌，1.45；雄，1.22），9 月至翌年 1 月，全部个体处于形成期，GI 指数无变化，形成期过后，性腺逐渐成熟，GI 指数随之升高，在 6 月达到全年最大值（雌，4.42；雄，4.20）。雌雄 GI 指数的变化趋势相似，雌雄发育基本同步。

3.1.3 讨论

海洋贝类从配子形成到产卵一系列的生殖过程都受外部因素的影响和内部因素的调控（Normand et al.，2008；Enríquez-Díaz et al.，2009），有研究报道，水温影响海洋贝类新陈代谢速率和食物丰度，进而影响海洋贝类配子的发生和产卵（Urrutia et al.，2001；Ojea et al.，2004；Dridi et al.，2007；Park et al.，2011）。海洋贝类配子发育受温度影响，温度条件不满足会抑制配子发育。Mann（1979）研究表明在温度低于 10.5 ℃时长牡蛎配子停止发育。林志华等（2000）认为繁殖期水温上升过快会抑制大西洋浪蛤性腺再发育。本实验观察到，薄片镜蛤在 8 月产卵之后，很快进入下一个繁殖周期，但12 月至翌年 2 月，海水温度较低，薄片镜蛤性腺发育停滞。水温回升后，薄片镜蛤性腺发育进入增殖期。水温不仅影响海洋贝类的性腺发育，还会影响海洋贝类的产卵。Mann（1979）研究表明，长牡蛎产卵需要最低温度，达不到一定的温度即便性腺发育成熟也无法产卵。本实验观察到，薄片镜蛤的排放期处在全年水温最高的两个月（2013 年 8 月，25.2 ℃；2014 年 7 月，24.1 ℃），薄片镜蛤配子的排放需要较高的温度。

食物丰度也是影响海洋贝类繁殖周期的重要因素。海洋贝类的主要食物来源是浮游植物，叶绿素 a 的含量能够有效地反映浮游植物现存量和初级生产力水平（Timothy et al.，1984）。本实验观察到，取样海区叶绿素含量呈现春夏高、秋冬低的变化规律。本实验发现，2013 年 8 月至 11 月，叶绿素 a 的含量持续下降，但是 9 月到 11 月，薄片镜蛤性腺仍然略有发育，雌性生殖细胞直径有小幅度增长，可能是水温仍在薄片镜蛤性腺发育的生物学零度以上；2013 年 12 月至翌年 2 月，虽然叶绿素 a 的含量有所回升，但是因为水温较低，薄片镜蛤性腺发育停滞。2014 年 3 月至 7 月，随着水温升高，叶绿素 a 的含量大幅上升，为薄片镜蛤性腺发育提供了良好的条件，性腺发育阶段逐渐进入增殖期和成熟期，雌性生殖细胞直径也逐步增加。

本实验中，雌性生殖细胞直径的变化趋势能够很好地反映薄片镜蛤的繁殖周期，在配子的形成阶段，雌性生殖细胞直径有小幅度的增长，随后性腺发育停滞，雌性生殖细胞直径下降，一直保持在一个较低水平，并呈现极缓慢的增长，当性腺再次发育时，雌性生殖细胞直径迅速增长，产卵前达到最大值，产卵后急剧下降。因此，雌性生殖细胞直径可以作为衡量薄片镜蛤性腺成熟的指标。Joaquim 等（2008）和 Kim 等（2005）也有相似的报道。通过组织切片观察，笔者认为 12 月雌性生殖细胞直径下降并非排卵所致，可能是冬季食物匮乏，部分卵细胞中储存的能量物质被用于维持薄片镜蛤的生命活动。本实验还发现，薄片镜蛤的 CI 指数在配子形成时期迅速上升，11 月达到全年最高；

性腺发育停滞时回落并保持稳定；进入增殖期和成熟期时上升；进入排放期和休止期时下降。

许多学者的报道都表明，在海洋贝类的排放期过后，会进入休止期（Ke and Li，2013；Yan et al.，2010；Matias et al.，2013），通常有软体部消瘦、雌雄难辨、滤泡萎缩、消失、充满结缔组织的特点，休止期一般持续3～4个月，标志着一个繁殖周期的结束和下一个繁殖周期的开始，海洋贝类在休止期会储存营养物质，为配子的发生提供能量（Matias et al.，2013；阮飞腾等，2014）。本实验组织学切片观察表明，8月大部分薄片镜蛤个体处于耗尽期，9月全部薄片镜蛤个体进入形成期，未观察到休止期。孙虎山等（1993）研究表明，山东烟台海区2龄以上的日本镜蛤排放期集中，休止期只出现在8月中旬至下旬（表层水温28.0～28.5 ℃）一段很短的时间内，很快进入下一个生殖周期。本实验未观察到休止期，原因可能是薄片镜蛤休止期极短，取样间隔时间长，错过了休止期。这个想法可以通过下个繁殖季节增加取样频率进行组织学观察加以验证。本实验通过计算GI指数，将薄片镜蛤的发育分期加以量化，直观地反映其性腺发育成熟度，结果表明，薄片镜蛤在5～7月成熟度最高。

本文对辽宁大连庄河海区的薄片镜蛤的繁殖周期和环境因子进行了研究。结果表明，该海区薄片镜蛤的繁殖周期可以划分为两部分：9月至翌年3月，性腺发育相对静止；4～8月，性腺发育活跃。从保护野生种质资源的角度考虑，建议将4～8月定为薄片镜蛤的禁捕期。薄片镜蛤的性腺成熟和产卵发生在温度和叶绿素a较高的月份，温度较低时，若低于生物学零度，性腺发育受阻。在人工育苗亲贝促熟过程中，可以尝试通过提高水温、增加投饵的方法促进亲贝的性腺成熟。

3.2 薄片镜蛤各组织生化成分周年变化

任何生物都是由无机物和有机物两大成分组成的。无机物主要包含水分和无机元素；水分是生物组分中占比例最大的物质，对生物的代谢和生命活动的维持有重要作用；无机元素不能为生命活动提供能量，不能在生物体内合成，除随排泄过程离开生物体外，不能在代谢过程中消失，但无机元素是构成生命体和维持代谢活动所必需的。有机物主要是作为能源物质的三大成分：糖原、脂肪、蛋白质。

蛋白质是生命的物质基础，维持组织的生长、更新和修复，必要时还可转变成糖类和脂肪。脂肪是动物能量的主要来源，是主要的储能物质，也是组成生命体的重要成分。糖原是能量供应的首要物质，也是生物体碳源的主要供给者。有关海洋贝类生化成分组成方面的工作相对比较多地集中在组织中蛋白质、糖原、脂肪含量的季节性变化方面（Gabbot，1975；Holland and DL，1978；Thompson and Macdonald，2006；Li et al.，2006；Dridi et al.，2007；Park et al.，2011）。

有研究报道，海洋无脊椎生物生化成分的含量可以在一定程度上反映其繁殖周期和生存环境（Muniz et al.，1986；Castro and Mattio，1987；Camacho et al.，2003；Joaquim et al.，2008）。配子的发生和排放都需要能量供应，海洋贝类可以利用先前储存在体内的能源物质或食物中的能量，根据物种的不同和生存环境的不同，海洋贝类能量物质的储存部位、能源物质利用的先后顺序、各能量物质在组织间的相互转移都会有所不同。要确定海洋贝类的繁殖策略，必须对雌性和雄性贝类不同组织的生化组分进行分析。

目前国内外学者对薄片镜蛤的研究报道主要集中在人工育苗技术和幼虫养殖生态等方面（闫喜武等，2008；王海涛等，2010；王成东等，2014），对薄片镜蛤繁殖周期生化成分的研究尚未见报道。本研究调查了辽宁省大连庄河地区薄片镜蛤生化成分的周年变化，以期为薄片镜蛤野生种质资源的保护及人工育苗的开展提供科学依据。

3.2.1　材料与方法

3.2.1.1　采样海区与样品采集

实验用薄片镜蛤采自辽宁省大连市庄河海区（图 3-1）。2013 年 8 月至 2014 年 7 月，每月中旬采样一次，每次采取壳形完整、无明显机械损伤的个体 80～100 个，鲜活运回实验室，暂养 24 h 待用。取 40～50 个活力旺盛的薄片镜蛤，编号，解剖，镜检区分雌雄（镜检无法区分则通过组织学切片判断），每个个体的闭壳肌、外套膜、性腺-内脏团、足分装，−80 ℃保存待测。

3.2.1.2　糖原含量测定

采用蒽酮比色法，蒽酮溶液现用现配。对每月的样品分雌雄、分组织进行冷冻干燥处理，取研磨好的样品 0.05 g，加入 30% 的 KOH 3 mL，煮沸皂化 30 min，冷却后用移液枪移取 10 μL，用超纯水稀释到 1 mL，加入 5 mL 0.2% 预冷的蒽酮硫酸溶液，混合均匀，放入沸水浴中，准确计时 10 min，取出后迅速冷却，于 620 nm 处比色，测定吸光度。用标准葡萄糖溶液（0.1 mg/mL）制作标准曲线，计算糖原含量占样品干重的百分比。

3.2.1.3　脂肪含量测定

采用索氏提取法。将滤纸折成一边开口的滤纸筒，编号，烘干至恒重，称重（精确到 0.000 1 g）；取干燥至恒重的样品 0.2 g，准确称量记录（精确到 0.000 1 g）；将样品全部转移到滤纸包内。用镊子将装有样品的滤纸包转移到抽提筒内，加入石油醚，调节水浴温度，控制回流速度 7 次/h 以上，抽提

8 h。将滤纸包取出，待石油醚挥发完全后 105 ℃烘干至恒重，称量。计算脂肪占样品干重的百分比。

3.2.1.4 蛋白质含量测定

采用考马斯亮蓝法。准确称取待测样品的重量，按重量（g）体积（mL）比，加入 9 倍体积生理盐水，冰浴条件下制成 10％匀浆，2 500 r/ min 离心10 min，取上清用生理盐水制成 1％的组织匀浆，待测。样品管、标准管、空白管中分别加入 50 μL 的待测样、标准蛋白（0.563g/L）、超纯水，加 3 mL考马斯亮蓝显色剂，混匀，静置 10 min，于 595 nm 处比色，测定吸光度。

3.2.1.5 RNA/DNA 值测定

采用 Nakano（1988）的方法，待测样品制成 5％的组织匀浆，加入 4 ℃预冷 10％的三氯乙酸溶膜，用 95％的乙醇沉淀核酸，反复三次，核酸用乙醇：乙醚（3∶1）洗涤两次。RNA 用 1 mol/L 的 KOH，在 37 ℃下，经 16 h水解，于 260 nm 处测定 RNA 的吸光度，DNA 用 5％的高氯酸，90 ℃ 20 min水解，于 260 nm 处测定 DNA 的吸光度，计算 RNA/DNA 值。

3.2.1.6 数据分析

数据统计分析采用 SPSS 19.0 软件处理。对雌雄镜蛤各组织生化成分的月间差异采用单因素方差分析进行显著性检验（$P < 0.05$）。对同一月份雌雄各组织的生化成分进行 t 检验。

3.2.2 结果

3.2.2.1 糖原的周年变化

图 3-9 反映了薄片镜蛤各组织糖原含量的周年变化。

8～11 月，雄性薄片镜蛤性腺-内脏团中的糖原含量急剧升高，糖原含量变动范围为 10.93％～38.57％，其中，8 月为全年最小值（10.93％），11 月达到全年最大值（38.57％），此后糖原含量大幅下降。翌年 1 月至 7 月，糖原含量无明显变化。

8～12 月，雌性薄片镜蛤性腺-内脏团中的糖原含量呈总体上升趋势，性腺-内脏团糖原含量变动范围为 17.35％～31.92％。12 月至翌年 3 月，糖原含量逐渐降至 14.97％。3～6 月，雌性薄片镜蛤性腺-内脏团中的糖原含量迎来了第二次的快速增长，变动范围为 14.97％～35.11％，其中 6 月为全年最大值（35.11％），之后的 7 月，糖原含量迅速降低至全年最低水平（11.99％）。

雌性和雄性的性腺-内脏团糖原含量变化趋势相似，除 5、6、7 月外，其他月份均无显著性差异（$P > 0.05$）。

闭壳肌、外套膜和足中的糖原含量变化趋势大体相同，在 8～11 月和 3～6 月之间糖原含量都有不同程度的升高。

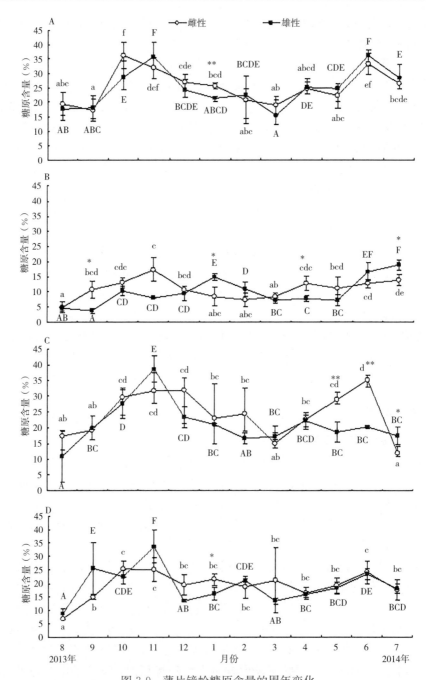

图 3-9　薄片镜蛤糖原含量的周年变化

A. 闭壳肌　B. 外套膜　C. 性腺-内脏团　D. 足

　图中不同小写字母和大写字母分别表示雌性和雄性薄片镜蛤糖原成分的月间差异显著（$P < 0.05$）。

* 和 ** 分别表示雌雄个体糖原差异显著（$P < 0.05$）和极显著（$P < 0.01$）。

3.2.2.2 脂肪的周年变化

图 3-10 反映了薄片镜蛤各组织脂肪含量的周年变化。

9～11 月，雄性性腺-内脏团中的脂肪含量呈平稳下降趋势，11 月至翌年 4 月，雄性性腺-内脏团中的脂肪含量剧烈波动，其中 1 月为全年最大值（17.60%），2 月降至全年最低（6.58%）。4～6 月，脂肪含量逐渐升高，并在 6 月达到脂肪含量的全年次高点（15.36%）。

雌性性腺-内脏团中的脂肪含量在 10 月至翌年 2 月期间平稳增长。3 月，脂肪含量急剧下降至全年最低水平（7.13%）。4～6 月，脂肪含量快速增加，6 月达到全年最高水平（16.30%）。

雄性闭壳肌中的脂肪含量全年呈无规则波动，雌性闭壳肌中脂肪含量除 4 月（13.46%）外，其余月份均处在较低水平，波动范围为 2.23%～8.25%。

雌性和雄性的外套膜脂肪含量在 8 月至翌年 2 月期间变化不大，3～4 月都有大幅增长，随后均在 5 月下降，6 月、7 月，雄性外套膜脂肪含量在迅速升高，7 月达到全年最大值（14.88%），雌性外套膜脂肪含量保持稳定。

雌性和雄性足的脂肪含量变化规律相同，4～7 月，雌性足脂肪含量显著高于雄性足脂肪含量。

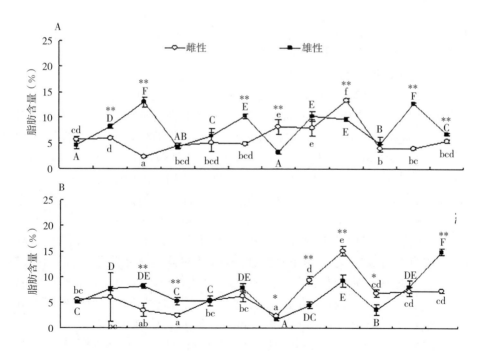

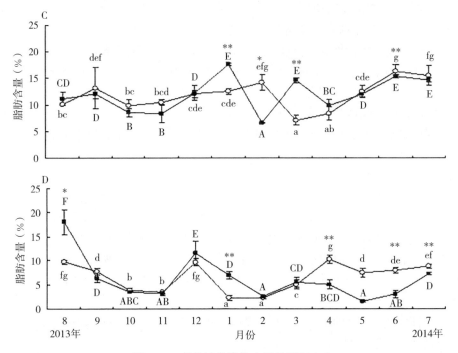

图 3-10　薄片镜蛤脂肪含量的周年变化

A. 闭壳肌　B. 外套膜　C. 性腺-内脏团　D. 足

图中不同小写字母和大写字母分别表示雌性和雄性薄片镜蛤脂肪成分的月间差异显著（$P<0.05$）。* 和 ** 分别表示雌雄个体脂肪含量差异显著（$P<0.05$）和极显著（$P<0.01$）。

3.2.2.3　蛋白质的周年变化

图 3-11 反映了薄片镜蛤各组织蛋白质含量的周年变化。

8～10 月，雌性和雄性薄片镜蛤性腺-内脏团的蛋白质含量都呈现先下降后上升的变化规律。11 月，雄性性腺-内脏团蛋白质含量继续上升，而雌性性腺-内脏团蛋白质含量下降。12 月至翌年 2 月，雌性和雄性薄片镜蛤性腺-内脏团蛋白质含量都稳定在一个相对较低的水平，且雄性性腺-内脏团蛋白质含量显著高于雌性（$P<0.05$）。2～5 月，雌性和雄性薄片镜蛤性腺-内脏团蛋白质含量均呈上升趋势，都于 5 月达到全年最高水平（雌性，76.45 mg/g；雄性，72.30 mg/g）。

8～11 月，雄性薄片镜蛤闭壳肌中的蛋白质含量升高，11 月达到全年最高水平（72.08 mg/g），之后两个月持续降低，1 月降至全年最低水平（15.69 mg/g）。1～5 月，蛋白质含量缓慢增长，6 月降至全年次低点（16.74 mg/g）。雌性薄片镜蛤闭壳肌中的蛋白质含量呈无规律波动，最大值和最小值分别出现在 10 月和 6 月（10 月，60.49 mg/g；6 月，11.84 mg/g）。

雄性薄片镜蛤外套膜中的蛋白质含量周年变化较平稳。雌性薄片镜蛤外套膜中的蛋白质含量在 11 月至翌年 1 月期间降低，1 月有全年最低值（21.41

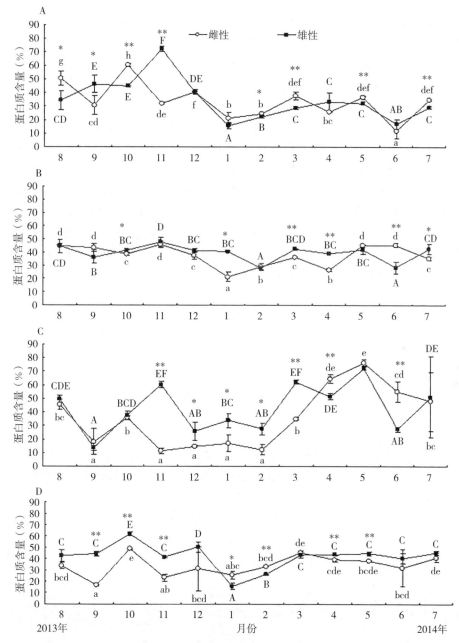

图 3-11　薄片镜蛤蛋白质含量的周年变化

A. 闭壳肌　B. 外套膜　C. 性腺-内脏团　D. 足

图中不同小写字母和大写字母分别表示雌性和雄性薄片镜蛤蛋白质成分的月间差异显著（$P<$ 0.05）。＊和＊＊分别表示雌雄个体蛋白质含量差异显著（$P<0.05$）和极显著（$P<0.01$）。

mg/g），2～6 月总体呈上升趋势，6 月有全年最高值（45.14 mg/g）。

雌性和雄性薄片镜蛤足的蛋白质含量周年变化趋势相似，10 月出现一个峰值，1～3 月缓慢上升，3～7 月保持稳定。但多数月份雌雄之间足的蛋白质含量存在显著差异（$P<0.05$）。

3.2.2.4 RNA/DNA 值的周年变化

图 3-12 反映了薄片镜蛤各组织 RNA/DNA 值的周年变化。

雌性和雄性薄片镜蛤性腺-内脏团的 RNA/DNA 值变化趋势相似，全年有两个峰值，分别出现在 11 月和 5 月。

雌性和雄性薄片镜蛤闭壳肌的 RNA/DNA 比全年无显著性差异（$P>0.05$），自 8 月起比值升高，雌性和雄性分别在 10 月和 11 月达到全年最大值（雌性，2.56；雄性，2.78），之后迅速下降，12 月至翌年 7 月均无明显波动。

雌性和雄性薄片镜蛤外套膜的 RNA/DNA 值变化趋势不同。雌性的变化趋势平稳，12 月有最低值（2.83），6 月有最高值（13.05），其他月份相差不大。雄性呈无规律波动，最大值出现在 11 月（17.25），最小值出现在 5 月（3.67）。

足的 RNA/DNA 值变化趋势与性腺-内脏团相似。这 8 组数据中，大多数的 RNA/DNA 值有两个峰值，分别出现在 10～11 月和 5～6 月。

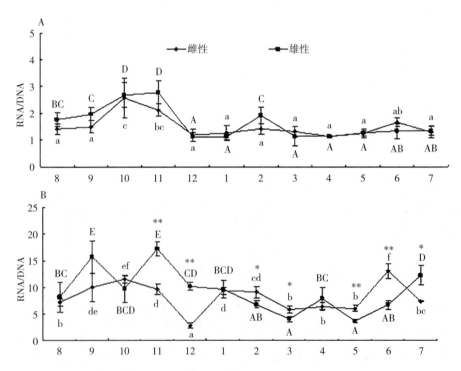

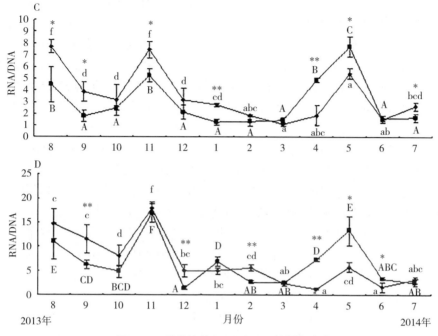

图 3-12　薄片镜蛤 RNA/DNA 的周年变化

A. 闭壳肌　B. 外套膜　C. 性腺-内脏团　D. 足

图中不同小写字母和大写字母分别表示雌性和雄性薄片镜蛤 RNA/DNA 比值的月间差异显著（$P<0.05$）。*和**分别表示雌雄个体 RNA/DNA 值差异显著（$P<0.05$）和极显著（$P<0.01$）。

3.2.3　讨论

本研究结果表明，薄片镜蛤各组织的生化组成与其繁殖周期密切相关。Bayne（1976）根据配子产生过程中能量来源的不同，将海洋贝类的繁殖模式分为两种：保守种和机会种，前者配子发生利用的是储存在体内的能量物质，后者则是直接通过食物获取能量。糖原是海洋贝类配子发育的主要能源物质（Zandee et al.，1980；Barber and Blake，1981；Martinez，1991；Li et al.，2000；Berthelin et al.，2000）。薄片镜蛤在产卵之后马上进入下一个繁殖周期，配子发生起始于温度较高，食物丰富的秋季，8～11 月，性腺-内脏团的糖原含量上升，配子产生和糖原累积同步进行；在随之而来的冬季，配子的发育停滞，性腺-内脏团糖原含量下降，认为薄片镜蛤在食物匮乏时利用存储的糖原维持生命活动。3～6 月，海水温度逐渐回升，食物丰度增加，此时配子恢复发育，逐渐成熟，雌性性腺-内脏团中的糖原累积也同步进行；卵子排出后，糖原含量迅速下降；5～6 月，雄性性腺-内脏团糖原含量无明显升高，与雌性性腺-内脏团糖原含量差异极显著，通常认为，糖原在性腺成熟过程中分解成葡萄糖，释放能量，经过转化后参与合成卵细胞中的甘油三酯，而雄性性腺发育中甘油三酯的合成需求远低于雌性，推测因此造成了对糖原需求量的下降，造成了雌雄性腺-内脏团糖原含量的极显著差异；此外，还考虑是雌雄糖原储存位置不同所致。配子发育和糖原累积同步进行的现象在小狮爪海扇蛤（Arellano-Martinez et al.，2004）中也有发现。根据糖原储存-利用模式可以看出，薄片镜蛤配子发生和成熟主要利用食物中的能量，属于机会种。

研究表明，脂肪在海洋双壳贝类的繁殖过程中有重要作用（Pollero et al.，1979；Besnard et al.，1989；Park et al.，2001；Ojea et al.，2004），在双壳贝类配子形成过程中，脂肪储存在配子中，为双壳贝类的胚胎和幼虫的发育提供能量。雌性和雄性薄片镜蛤的性腺-内脏团在个体处于增殖期和成熟期期间，脂肪含量逐渐上升，进入排放期后，脂肪含量下降，说明储存在配子中的脂肪随配子的排放流失，在智利扇贝（Martinez，1991）和太平洋牡蛎（Li et al.，2000）中也观察到类似现象。通常认为，贝类配子成熟过程中存在糖原向脂肪转化的现象，糖原转化成脂肪储存在配子中，两者呈负相关（Ojea et al.，2004；Dridi et al.，2007），而本研究未观察到此现象。在薄片镜蛤配子成熟的过程中，性腺-内脏团的脂肪含量同步上升，随着配子的排放，性腺-内脏团的脂肪含量下降。这种配子成熟过程中糖原、脂肪同步累积的现象也出现在 Park 等（2011）对韩国沿岸毛蚶的相关研究中。

闭壳肌、性腺-内脏团、足三种组织的蛋白质含量在初冬季节均达到较高水平，随后海水温度降低、叶绿素 a 含量也处在较低水平，组织中蛋白质含量下降，表明在食物匮乏的情况下，蛋白质亦可作为能源物质，维持薄片镜蛤的生命活动。雌性薄片镜蛤性腺-内脏团的蛋白质含量在 2～5 月大幅增长，与该时间段雌性生殖细胞直径的变化趋势相同，这是因为卵黄蛋白在雌性性腺中的大量累积。6～7 月，卵子逐渐成熟，但雌性薄片镜蛤性腺-内脏团的蛋白质含量下降，考虑可能是该阶段新陈代谢旺盛，对能量的需求增加，部分蛋白质被用于能量供应。外套膜的蛋白质含量周年变化不大，说明外套膜不是薄片镜蛤储存蛋白质的主要部位。

RNA/DNA 值可以反映细胞内蛋白质的合成情况（Clarke et al.，1989；Nakata et al.，1994；Roddick et al.，1999）。本研究中，四种组织（闭壳肌、外套膜、性腺-内脏团、足）的 RNA/DNA 值在 10～11 月出现第一个峰值，该时间段 CI 指数也大幅度上升，说明薄片镜蛤合成了大量的蛋白质并储存在体内，是个体生长的主要时期；5 月出现第二个两个明显的峰值，雌性生殖细胞直径在此阶段内有大幅度增长，提示在配子成熟阶段，薄片镜蛤蛋白质合成速度加快，性腺中卵黄蛋白大量合成。

3.3 薄片镜蛤性腺中性激素含量的周年变化

在脊椎动物中，类固醇激素控制性别决定、性腺的发育和成熟，而关于无脊椎动物中类固醇激素的合成及其在生理上的作用的研究还很少。近 30 年来，许多学者对参与类固醇激素代谢的酶进行了研究报道。已经发现雌二醇、睾酮存在于双壳贝类，如巨紫球海胆（*Strongylocentrotus fransciscanus*）（Botticelli et al.，1961）、欧洲大扇贝（*Pecten maximum*）（Saliot and Barbier，1971）和虾夷扇贝（*Patinopecten yessoensis*）（Matsutani and Nomura，1987）。以前的研究表明贝类组织中类固醇激素含量的季节性变化与繁殖周期密切相关，这表明类固醇激素可能在贝类的繁殖调控中起着重要的作用。这一假设在以后的研究中得到了证实。Varaksina 和 Varaksin（1991）对虾夷扇贝注射雌二醇、孕酮和睾酮，研究发现这种体外激素注射能刺激它的卵子发生和精子发生，并且还发现实验组的虾夷扇贝生殖腺重量和卵母细胞直径比对照组都有所增加。在侏儒蛤（*Mulinia lateralis*）中注射甲睾酮能够加快其性成熟，增加产卵次数。Mori（1965）等发现对长牡蛎在性成熟的早期注射雌二醇能够诱导雄性个体转化为雌性个体，导致雌性个体比升高，给产卵后的侏儒蛤饲喂甲睾酮能使雌雄比例由 0.8 升至 1.6。这些都表明性激素对贝类的性别决定、性腺的成熟和产卵都起着重要的调控作用。Reis-Herriques 等（1990）和 Siah 等（2002）分别报道了孕酮含量在紫贻贝和沙海螂繁殖周期中的变化情况。Osada（2004）第一次报道了虾夷扇贝性腺中雌二醇含量的季节性变化情况。Gauthier-Clerc 等（2006）报道了沙海螂性腺中 17β-雌二醇和睾酮含量变化与繁殖周期的关系。研究性激素在繁殖周期中的含量变化情况能够更好地阐述性激素在控制配子发生中的作用。

3.3.1 材料与方法

3.3.1.1 实验材料

实验用薄片镜蛤采自辽宁省大连市庄河海区。2013 年 8 月至 2014 年 7 月，每月中旬采样一次，每次采取壳形完整、无明显机械损伤的个体 80～100 个，鲜活运回实验室，暂养 24 h 待用。取 30 个活力旺盛的薄片镜蛤个体，测量壳高、壳长、壳宽、总重、壳重、软体部重。

3.3.1.2 环境因子

2013 年 8 月至 2014 年 7 月，每月中旬采样海区的温度和盐度用海水表层温度计和便携式折射计现场测定。

3.3.1.3 17β-雌二醇和睾酮含量的测定

采用酶联免疫吸附反应方法（ELISA）对性腺中 17β-雌二醇和睾酮含量进

行测定，用雌二醇（E$_2$）酶联免疫分析试剂盒和睾酮（T）酶联免疫分析试剂盒进行测定。详细操作步骤见试剂盒说明。

3.3.1.4 睾酮含量的测定

①标准品的稀释：对原倍标准品进行稀释。

16nmol/L 5 号标准品：150 μL 的原倍标准品加入 150 μL 标准品稀释液。

8nmol/L 4 号标准品：150 μL 的 5 号标准品加入 150 μL 标准品稀释液。

4nmol/L 3 号标准品：150 μL 的 4 号标准品加入 150 μL 标准品稀释液。

2nmol/L 2 号标准品：150 μL 的 3 号标准品加入 150 μL 标准品稀释液。

1nmol/L 1 号标准品：150 μL 的 2 号标准品加入 150 μL 标准品稀释液。

②加样：分别设空白孔（空白对照孔不加样品及酶标试剂，其余各步操作相同）、标准孔、待测样品孔。在酶标包被板上标准品准确加样 50 μL，待测样品孔中先加样品稀释液 40 μL，然后再加待测样品 10 μL（样品最终稀释度为 5 倍）。加样将样品加于酶标板孔底部，尽量不触及孔壁，轻轻晃动混匀。

③温育：用封板膜封板后置 37 ℃温育 30 min。

④配液：将 30 倍浓缩洗涤液用蒸馏水 30 倍稀释后备用。

⑤洗涤：小心揭掉封板膜，弃去液体，甩干，每孔加满洗涤液，静置 30 s 后弃去，如此重复 5 次，拍干。

⑥加酶：每孔加入酶标试剂 50 μL，空白孔除外。

⑦温育：操作同③。

⑧洗涤：操作同⑤。

⑨显色：每孔先加入显色剂 A 50 μL，再加入显色剂 B 50 μL，轻轻振荡混匀，37 ℃避光显色 5 min。

⑩终止：每孔加终止液 50 μL，终止反应（此时蓝色立转黄色）。

⑪测定：以空白空调零，450 nm 波长依序测量各孔的吸光度（OD 值）。测定应在加终止液后 15 min 以内进行。

3.3.1.5 17β-雌二醇含量测定

①标准品的稀释：对原倍标准品进行稀释。

80ng/L 5 号标准品：150 μL 的原倍标准品加入 150 μL 标准品稀释液。

40ng/L 4 号标准品：150 μL 的 5 号标准品加入 150 μL 标准品稀释液。

20ng/L 3 号标准品：150 μL 的 4 号标准品加入 150 μL 标准品稀释液。

10ng/L 2 号标准品：150 μL 的 3 号标准品加入 150 μL 标准品稀释液。

5ng/L 1 号标准品：150 μL 的 2 号标准品加入 150 μL 标准品稀释液。

②加样：分别设空白孔（空白对照孔不加样品及酶标试剂，其余各步操作相同）、标准孔、待测样品孔。在酶标包被板上标准品准确加样 50 μL，待测样品孔中先加样品稀释液 40 μL，然后再加待测样品 10 μL（样品最终稀释度

为 5 倍）。加样将样品加于酶标板孔底部，尽量不触及孔壁，轻轻晃动混匀。

③温育：用封板膜封板后置 37 ℃温育 30 min。

④配液：将 30 倍浓缩洗涤液用蒸馏水 30 倍稀释后备用。

⑤洗涤：小心揭掉封板膜，弃去液体，甩干，每孔加满洗涤液，静置 30 s 后弃去，如此重复 5 次，拍干。

⑥加酶：每孔加入酶标试剂 50 μL，空白孔除外。

⑦温育：操作同③。

⑧洗涤：操作同⑤。

⑨显色：每孔先加入显色剂 A 50 μL，再加入显色剂 B 50 μL，轻轻振荡混匀，37 ℃避光显色 15 分钟。

⑩终止：每孔加终止液 50 μL，终止反应（此时蓝色立转黄色）。

⑪测定：以空白空调零，450 nm 波长依序测量各孔的吸光度（OD 值）。测定应在加终止液后 15 min 以内进行。

3.3.1.6　数据分析

用 EXCEL 软件，将得到的数据进行处理，绘制成标准曲线，根据标准曲线计算样品中的激素含量。

3.3.2　结果

3.3.2.1　环境因子的周年变化

采样海区海水温度、盐度的月变化分布（图 3-13）表明，海水温度从 2013 年 8 月至翌年 2 月逐渐降低，随后逐步回升，呈现春天上升、夏天稳定、秋天降低、冬天保持在较低水平的变化规律。全年最高气温和最低气温分别出现在 2013 年 8 月和 2014 年 2 月，水温周年变化于－3.8～25.2 ℃。盐度的周年变化波动不大，变化于 26.0～32.0。最低值出现在 2013 年 8 月，可能由于采样月份降水量较大所致。

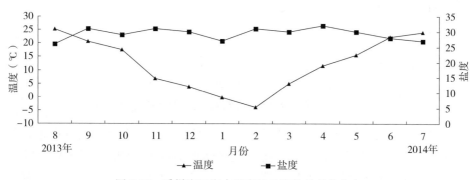

图 3-13　采样海区海水温度和盐度的月变化分布

3.3.2.2 薄片镜蛤性腺中17β-雌二醇和睾酮含量的周年变化

图 3-14 显示了雌性薄片镜蛤 17β-雌二醇含量的周年变化情况。雌性薄片镜蛤 17β-雌二醇含量从 2 月开始逐渐上升，7 月时到达顶峰含量为 936.75 pg/g，此后保持在这一水平，直到 10 月开始降低，2 月到达低谷 495.62 pg/g。

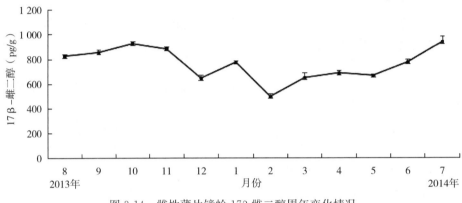

图 3-14　雌性薄片镜蛤 17β-雌二醇周年变化情况

图 3-15 显示了雄性薄片镜蛤 17β-雌二醇含量的周年变化情况。雄性则在 3 月、6 月和 8 月保持较高水平，在 4～6 月逐渐增长，6～7 月明显下降，在 7 月达到低谷 262.87pg/g。9 月到翌年 2 月之间变化不明显，在 2～3 月明显增长，在 3 月达到顶峰 675.58pg/g，之后下降。在发育过程中雌性薄片镜蛤性腺中的 17β-雌二醇的含量明显小于雄性性腺中的含量。

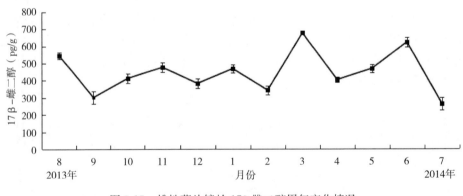

图 3-15　雄性薄片镜蛤 17β-雌二醇周年变化情况

图 3-16 显示了雌性睾酮含量的周年变化情况。雌性薄片镜蛤性腺中睾酮的含量变化范围为 14.42～49.03 pg/g。雌性薄片镜蛤性腺中睾酮含量在 12 月到翌年 1 月间骤然下降，到 1～2 月又显著增加，3 月再次下降，4 月到达峰值 34.61 pg/g。之后一直在小范围内波动。

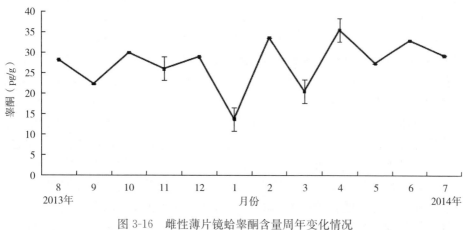

图 3-16　雌性薄片镜蛤睾酮含量周年变化情况

图 3-17 显示了雄性薄片镜蛤睾酮含量的周年变化情况。雄性薄片镜蛤睾酮含量在 12 月到翌年 1 月保持较高水平，在 1~2 月显著下降，1 月出现最低值，为 31.72 pg/g，之后开始增加，持续到 4 月，到达峰值 49.03 pg/g。从 4 月开始缓慢下降，8~9 月小幅升高后又降低。10~11 月间保持平稳，11~12 月增加。在发育过程中雄性薄片镜蛤性腺中的睾酮含量高于雌性性腺中的睾酮含量。

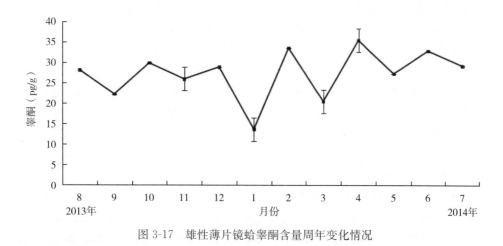

图 3-17　雄性薄片镜蛤睾酮含量周年变化情况

3.3.3　讨论

在以前的研究中，很多学者采用各种各样的技术手段对双壳贝类中的各种类固醇激素的含量进行了测定，例如 De Longcamp 等（1974）采用放射性免疫的分析方法（RIA）测定了紫贻贝性腺组织当中的 17β-雌二醇、睾酮和雌酮的含量，Matsumoto 等（1987）则采用高效液相色谱（HPLC）成功测定了太平洋牡蛎和虾夷扇贝的软体部的 17β-雌二醇和雌酮的含量，Siah 等（2002）用 ELISA 的方法测定了沙海螂性腺当中的孕酮的含量，Gauthier-Clerc 等（2006）用 ELISA 的方法测定了沙海螂性腺中 17β-雌二醇和睾酮含量的季节性变化。闫红伟（2009）采用 ELISA 法测定了缢蛏性腺组织中 17β-雌二醇和睾酮含量的季节性变化。这些研究表明，类固醇激素的含量在不同种类的双壳类动物中以及它们性腺发育的不同阶段都是不同的。从本次试验的结果可以发现在性成熟的过程中，17β-雌二醇的含量大概是睾酮含量的 10 倍左右，这与以前其他的研究结果相差无几。除此之外，本研究同时发现在性腺成熟过程中，雌性薄片镜蛤性腺中的 17β-雌二醇的含量明显高于雄性性腺内的含量，而雄性薄片镜蛤性腺中的睾酮含量也高于雌性性腺中的含量。这个结果在薄片镜蛤这一种类中，17β-雌二醇与睾酮这两种激素的含量水平很有可能和性别有关。

双壳类组织中的类固醇激素的含量的变化与繁殖周期关系密切，说明类固醇激素在贝类的繁殖调控中起着至关重要的作用。在本实验中，薄片镜蛤性腺中的 17β-雌二醇和睾酮的含量存在明显的季节性变化，这说明 17β-雌二醇与睾酮参与了薄片镜蛤繁殖周期的调控。从实验结果可以看出，4～7 月雌性薄片镜蛤性腺中的雌二醇激素含量逐渐增加，同时雄性薄片镜蛤中的睾酮含量也逐渐增加。而 6～7 月薄片镜蛤个体配子正在发育，这说明性激素可能参与性别决定，继而在配子发生启动上具有调节的作用。Mori（2003）发现对处在配子发育早期的长牡蛎注射雌二醇，能够诱导雄性的个体转化成雌性个体，从而导致雌性个体比例的增长。但是，如果对处在性成熟后期的长牡蛎进行雌二醇注射，则不会对性别比产生影响。Wang 和 Croll（2004）对性激素在海扇贝性腺分化与性腺决定中的作用进行了研究，他们对稚贝注射 17β-雌二醇、睾酮、孕酮以及脱氢异雄酮（DHEA），每月 1 次，持续 3 个月。研究结果发现，实验组的稚贝性腺分化程度高于对照组。目前，性激素对贝类性别影响的机制尚不清楚。

本实验还发现在性腺成熟期和排卵期的雌性性腺中 17β-雌二醇和雄性性腺中的睾酮含量逐渐上升，产卵结束后则迅速下降，对许多其他无脊椎动物的研究表明，雌激素在卵黄的形成过程中有重要的生理作用。雌激素可以用来诱导虾夷扇贝（*Patinopecten yessoensis*）（Osada et al.，2003）、太平洋牡蛎（Li et al.，2000）、沙海螂（*Mya arenaria*）（Osada et al.，2004）卵黄蛋白和卵黄类似蛋白的合成。雌二醇也可以诱导扇贝卵母细胞表面的 5-羟色胺受体的形成（Osada et al.，1998）。Osada 等（2004）认为，雌二醇在卵子的发生过程中具有非常重要的作用，而且是卵黄蛋白合成的主要启动因子。Wang 和

Croll（2004）通过扇贝的性腺离体实验发现了雌二醇可以促进雌性配子的排放，而睾酮则可以促进雄性配子的排放。Wang 和 Croll（2006）通过实验证明了激素对扇贝排卵过程的作用，通过向成熟期的扇贝性腺注射 17β-雌二醇、睾酮、孕酮，可以发现雌二醇能够增加扇贝雌性个体配子的排放强度和缩短了配子排放时间，睾酮增加了扇贝雄性个体配子排放强度，缩短了配子排放时间。同时也发现注射雌二醇能够促进 5-羟色胺对雌性和雌性个体的配子排放的诱导作用，而睾酮只有加强雄性个体排放的作用。在配子形成的过程中，需要消耗大量的能量，配子的排放又是一个极其复杂的生理过程，其中主要包括滤泡的破裂以及配子从性腺中排放。之前人们的研究表明性激素可能参与了性别决定，在配子发生的启动上可能具有调节作用。

本次研究对薄片镜蛤性腺中的 17β-雌二醇和睾酮含量的季节变化进行了调查，研究表明 17β-雌二醇和睾酮含量的季节变化与繁殖周期密切相关，表明它们在薄片镜蛤的繁殖过程中起着重要的作用。

3.4 薄片镜蛤营养成分分析与营养学评价

目前，国内外关于薄片镜蛤的研究主要集中在繁殖生物学、苗种培育、生理生态等方面（闫喜武等，2008；王成东等，2014；王成东等，2015；鹿瑶等，2015），但缺乏对其营养成分的分析和评价。本研究旨在分析与评价薄片镜蛤营养成分，为薄片镜蛤营养学研究及深加工提供基础理论依据。

3.4.1 材料与方法

3.4.1.1 实验材料

2015 年 4 月在大连庄河海区随机取外表无损伤薄片镜蛤 120 个，样本取回后置于大连海洋大学辽宁省贝类良种繁育工程技术研究中心实验室暂养 2 d 后进行性状测量。平均壳长（47.61±3.44）mm，湿体重（24.69±4.83）g。

3.4.1.2 样本处理

薄片镜蛤暂养 48 h 后，去掉贝壳，取软体部混合后待处理，软体部经磨碎、混匀、称重后置于－80 ℃冰箱备用。将待测样品分为两部分，分别进行一般营养成分测定和氨基酸、脂肪酸测定。

3.4.1.3 营养成分测定

根据 GB 5009.5—2010 测定粗蛋白质；依据 GB 5009.4—2010，用高温灰化法测定粗灰分；水分依据 GB 5009.3—2010，用 105 ℃常压烘干法测定；凯氏微量定氮法测定化合物或者混合物中总氮量；根据 GB/T 5009.6—2003，用索氏提取法测定粗脂肪含量；根据 GB/T 5009.8—2008 测定粗多糖含量；

根据 GB/T 5009.124—2003 测定氨基酸含量；根据 GB/T 22223—2008 测定脂肪酸含量。

3.4.1.4 营养品质评价

根据人体必需氨基酸均衡模式（FAO/WHO，1973）和中国预防医学科学院营养与食品卫生研究所提出的鸡蛋蛋白质模式（1991），进行氨基酸评分（AAS）、化学评分（CS）和必需氨基酸指数（EAAI）的评分。

3.4.2 结果

3.4.2.1 一般营养成分

薄片镜蛤软体部一般营养成分见表 3-3，其中蛋白质含量占干重的 60.66%，薄片镜蛤粗脂肪含量占干重的 5.53%，薄片镜蛤粗灰分含量占干重的 18.42%，薄片镜蛤粗糖分含量占干重的 9.54%。

表 3-3　薄片镜蛤一般营养成分

营养成分	含量
水分	84.80
粗灰分	2.8（18.42）
粗蛋白质	9.22（60.66）
粗脂肪	0.84（5.53）
总糖	1.45（9.54）

注：括号内数据为干重中各成分所占的比例。

3.4.2.2 氨基酸组成

在薄片镜蛤中共检测出 18 种氨基酸（表 3-4），薄片镜蛤软体部氨基酸总量（ΣTAA）为 44.08%，从氨基酸组成看，谷氨酸（Glu）含量最高，为 6.64%，其次为天冬氨酸（Asp）、赖氨酸（Lys）和精氨酸（Arg）（表 3-4）。

表 3-4　薄片镜蛤的氨基酸组成及含量

氨基酸	含量
天冬氨酸 Asp[b]	4.93
苏氨酸 Thr[a]	2.30
丝氨酸 Ser	1.91
谷氨酸 Glu[b]	6.64
脯氨酸	1.84
甘氨酸 Gly[b]	2.57

（续）

氨基酸	含量
丙氨酸 Ala[b]	2.96
半胱氨酸 Cys	1.18
缬氨酸 Val[a]	1.84
蛋氨酸 Met[a]	1.12
异亮氨酸 Ile[a]	1.78
亮氨酸 Leu[a]	2.96
酪氨酸 Tyr	1.58
苯丙氨酸 Phe[a]	2.57
赖氨酸 Lys[a]	3.22
组氨酸 His	1.05
色氨酸 Trp[a]	0.59
精氨酸 Arg	3.03
氨基酸总量（TAA）	44.07
人体必需氨基酸（EAA）	16.38
非必需氨基酸（NEAA）	27.69
鲜味氨基酸（DAA）	14.14
EAA/TAA	37.17
EAA/NEAA	59.15
DAA/TAA	32.09

注：a 表示人体必需氨基酸；b 表示鲜味氨基酸。

3.4.2.3　氨基酸评价

将薄片镜蛤中氨基酸含量转化为每克氮所包含的氨基酸毫克数，并与 FAO/WHO 和鸡蛋蛋白质氨基酸模式进行比较。薄片镜蛤的 EAA 含量为 904.38 mg/g，低于 FAO/WHO 标准模式和鸡蛋蛋白质标准模式（表 3-5）。

表 3-5　薄片镜蛤中必需氨基酸的比较与评价

必需氨基酸	含量	FAO/WHO	鸡蛋蛋白质	AAS	CS	EAAI
苏氨酸	143.75	250	292	0.58	0.49	
缬氨酸	115.00	310	410	0.37	0.28	
蛋氨酸＋半胱氨酸	143.75	220	238	0.65	0.60	

（续）

必需氨基酸	含量	FAO/WHO	鸡蛋蛋白质	AAS	CS	EAAI
异亮氨酸	111.25	250	331	0.45	0.34	41.25
亮氨酸	185.00	440	534	0.42	0.35	
苯丙氨酸＋酪氨酸	259.38	380	565	0.68	0.46	
赖氨酸	201.25	340	441	0.59	0.46	
合计	904.38	2 190	2 811	0.41	0.32	

以 AAS 和 CS 为评分标准时，薄片镜蛤 AAS 和 CS 中以缬氨酸最低，可见薄片镜蛤的第一限制性氨基酸为缬氨酸。以 AAS 为标准，薄片镜蛤的第二限制性氨基酸为亮氨酸；以 CS 为标准，薄片镜蛤的第二限制性氨基酸为异亮氨酸。

3.4.2.4 脂肪酸组成

薄片镜蛤软体部中共测得 11 种主要脂肪酸，其中 4 种饱和脂肪酸（SFA），2 种单不饱和脂肪酸（MUFA）以及 5 种多不饱和脂肪酸（PUFA），含量由高到低依次为 ΣPUFA＞ΣSFA＞ΣMUFA（表 3-6）。薄片镜蛤软体部高不饱和脂肪含量（ΣPUFA）为 45.67%，其中 EPA＋DHA 含量高达 36.07%，说明薄片镜蛤具有较高的营养价值。

表 3-6 薄片镜蛤脂肪酸组成及脂肪酸相对含量（%）

脂肪酸	含量
$C_{14:0}$	0.07
$C_{16:0}$	0.59
$C_{16:1n7}$	0.13
$C_{17:0}$	0.07
$C_{18:0}$	0.20
$C_{18:1n9}$	0.13
$C_{18:2n6}$	0.07
$C_{20:2n6}$	0.07
$C_{20:4n6}$（花生四烯酸）	0.07
$C_{20:5n6}$（EPA）	0.53
$C_{22:6n3}$（DHA）	0.26
ΣSFA	0.93
ΣMUFA	0.26
ΣPUFA	1.00

3.4.3 讨论

薄片镜蛤蛋白质含量占干重的 60.66%，高于文蛤（58.36%）（张安国等，2006）、青蛤（41.02%）（顾润润等，2006），但低于菲律宾蛤仔（61.28%）（吴云霞等，2012）、美洲帘蛤（60.69%）（杨建敏等，2003）。薄片镜蛤粗脂肪含量占干重的 5.35%，低于文蛤（10.02%）（张安国等，2006）、青蛤（24.08%）（顾润润等，2006）、菲律宾蛤仔（8.61%）（吴云霞等，2012）和美洲帘蛤（5.60%）（杨建敏等，2003）。薄片镜蛤粗灰分含量占干重的 18.42%，高于文蛤（9.15%）（张安国等，2006）、菲律宾蛤仔（17.73%）（吴云霞等，2012）而低于青蛤（20.30%）（顾润润等，2006）和美洲帘蛤（18.80%）（杨建敏等，2003）。薄片镜蛤粗糖分含量占干重的 9.54%，高于文蛤（9.10%）（张安国等，2006）、菲律宾蛤仔（7.32%）（吴云霞等，2012）。5 种帘蛤科贝类软体部水分含量均达到 80% 以上（杨建敏等，2003；顾润润等，2006；张安国等，2006；吴云霞等，2012）。

薄片镜蛤中氨基酸种类较齐全，EAA 含量为 16.38%，占 TAA 的 37.17%，高于菲律宾蛤仔（32.3%）（马英杰等，1996）、栉孔扇贝（34.8%）（苏秀榕等，1997a）、紫贻贝（34.51%）以及厚壳贻贝（33.06%）（苏秀榕等，1997b）等。参照 FAO/WHO（1973）标准模式，理想蛋白质的氨基酸组成 EAA/NEAA 为 60% 以上，EAA/TAA 为 40% 左右。本研究中，薄片镜蛤中 EAA/TAA 为 37.17%，EAA/NEAA 为 59.15%，可见薄片镜蛤属于较好的蛋白质（EAA/NEAA）。薄片镜蛤的 EAAI 为 41.25，低于文蛤（50.3）（张安国等，2006）、青蛤（50.0）（顾润润等，2006）、菲律宾蛤仔（54.32）（吴云霞等，2012）和偏顶蛤（59.65）（宋坚等，2014）。在 4 种呈味氨基酸中，谷氨酸和天冬氨酸是鲜味氨基酸（张超等，2014），谷氨酸鲜味特征最强，而甘氨酸和丙氨酸为甘味氨基酸（雷霁霖等，2008）。薄片镜蛤谷氨酸含量为 6.64，高于菲律宾蛤仔（2.16%）（吴云霞等，2012）和青蛤（5.79%）（顾润润等，2006），低于文蛤（7.41%）（张安国等，2006）和美洲帘蛤（8.91%）（杨建敏等，2003）。

薄片镜蛤软体部高不饱和脂肪酸含量（ΣPUFA）为 45.67%，其中 EPA+DHA 含量高达 36.07%，高于菲律宾蛤仔（32.32%）（吴云霞等，2012），远高于文蛤（14.15%）（杨晋等，2007），说明薄片镜蛤高不饱和脂肪酸含量较高。由于人们饮食结构不合理等原因，人体中的 ω3PUFA 和 ω6PUFA 比值达到 1：（10～30）的不平衡状态，而薄片镜蛤的 ω3PUFA 比例较高，可以有效改善人体中 ω3PUFA 和 ω6PUFA 的比例，对人类心血管疾病等有较好的防治效果（孙远明等，2006；丁玉龙等，2014）。薄片镜蛤为高蛋白、低脂肪海产贝类，含必需氨基酸种类较齐全，比例适宜，有利于人体吸收；EPA 和 DHA 含量较高，脂肪酸含量丰富，是一种营养价值较高的海产贝类。

4

薄片镜蛤形态特征及人工繁殖生物学研究

4.1 薄片镜蛤壳形态与重量性状通径分析

海洋贝类的壳尺寸和重量性状是其重要的经济性状，是贝类种苗繁殖与遗传育种的重要指标（Kvingedal et al.，2010；Wang et al.，2011）。在海洋贝类养殖中，重量性状是主要的经济性状，但贝类的重量性状不易测量。如软体重、壳重等需要对贝类进行解剖，无疑对贝类养殖的研究增加了难度。而贝类的尺寸性状相对于重量性状更易测量，所以目前学者主要通过相关分析和多元回归分析，研究贝类尺寸性状与经济性状的关系。

目前利用相关，回归分析的方法研究贝类的壳尺寸性状对重量性状的影响已有较多报道。Ahmed 等利用多元相关分析方法研究了贝类幼龄期壳尺寸和重量性状相关的生长参数（Ahmed and Abbas，2000）。李朝霞等利用通径分析方法研究了不同日龄海湾扇贝的自交和杂交后代表型性状对体重的影响（李朝霞等，2009）。吴彪选择中国江苏与韩国通营两个不同地理群体的魁蚶作为实验材料，研究了 7 个表型性状对活体重的影响，结果表明，不同群体魁蚶各表型性状对重量性状的影响效果不同（吴彪等，2010）。此外，学者还对珍珠贝类（Deng et al.，2008；栗志民等，2011a）、紫石房蛤（黎筠等，2008）、青蛤（高玮玮等，2009）、硬壳蛤（宋坚等，2010）、大竹蛏（吴杨平等，2012）等贝类进行了各形状间的相关性和通径分析。但对镜蛤属研究的相关报道只见张伟杰对日本镜蛤的壳尺寸性状与重量性状间的关系进行的研究，得到了壳尺寸性状对体积和重量性状的最优回归方程（张伟杰等，2013）。对于薄片镜蛤的研究未见相关报道，本实验对薄片镜蛤 6 个尺寸性状对软体重、壳重和总重的影响进行了相关和回归分析。

4.1.1 材料与方法

实验用薄片镜蛤为 2013 年 11 月采于大连市庄河海域的野生群体，取样

125 个暂养 1 d。用电子游标卡尺测量了薄片镜蛤的壳长（L）、壳高（H）、壳宽（W）、壳顶至壳前距（a）、壳顶至壳后距（b）、韧带长（c），精度为 0.01mm，测量位点见图 4-1。用电子天平测量薄片镜蛤的活体重（AW），将薄片镜蛤解剖后用吸水纸吸去壳内外表面、软体部表面的水分，测量软体重（RSW）、壳重（Sw），精度为 0.01 g。下文中各性状均用对应字母代替。

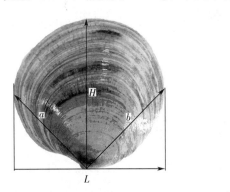

图 4-1　薄片镜蛤壳形性状测量位点

薄片镜蛤各性状的测量数据用 EXCEL 2007 进行初步整理和计算，得到各性状均值、标准差和变异系数。使用 Huo 等（2010）研究方法，对所测各性状进行相关分析、表型性状对重量性状的通径分析和计算决定系数，采用逐步线性回归法剔除差异不显著的表型性状，最终建立表型性状对质量性状的回归方程。分别按以下各式计算相关系数（r_{xy}）、通径系数（P_i）、相关指数（R^2）和决定系数（d）。相关计算公式如下：

$$r = \frac{\sum_{i=1}^{n}(x_i - \bar{x})(y_i - \bar{y})}{\sqrt{\sum_{i=1}^{n}(x_i - \bar{x})^2 \sum_{i=1}^{n}(y_i - \bar{y})^2}} = \frac{\sum_{i=1}^{n} x_i y_i - n\bar{x}\bar{y}}{\sqrt{(\sum_{i=1}^{n} x_i^2 - n\bar{x}^2)(\sum_{i=1}^{n} y_i^2 - n\bar{y}^2)}}$$

$$P_i = b_{x_i} \frac{\sigma_{x_i}}{\sigma_y}$$

$$R^2 = \sum_{i=1}^{n} P_i r_{x_i y}$$

4.1.2　结果与分析

4.1.2.1　各性状的描述统计量

薄片镜蛤的表型性状和重量性状的均值、标准差和变异系数见表 4-1。可见软体重、壳重和总重的变异系数较大，分别达到 30.96%、25.10% 和 24.09% 都远高于各尺寸性状。说明重量性状的选择潜力大于表型性状。采用

Q-Q（Quantile-Quantile）检验法对重量性状进行了正态性检验，数据符合正态分布，说明可以对重量性状进行相关、回归和通径分析。

表4-1　薄片镜蛤各性状的描述统计量（$n=125$）

性状	壳长 (mm)	壳宽 (mm)	壳高 (mm)	壳顶至 壳前距 (mm)	壳顶至 壳后距 (mm)	韧带长 (mm)	软体重 (g)	壳重 (g)	总重 (g)
代码	SL	SW	SH	a	b	c	MW	Sw	W
均值	46.61	18.01	44.56	29.83	29.24	18.54	7.68	9.71	21.71
标准差	2.81	2.48	2.69	2.76	2.83	2.62	2.37	2.43	5.23
变异系数 （%）	6.02	13.77	6.05	9.24	9.70	14.16	30.96	25.10	24.09

4.1.2.2　各表型性状与重量性状间的相关分析

对各性状进行相关性分析，结果如表4-2所示，各性状间均呈极显著相关（$P<0.01$），说明对本实验中所选的各性状进行相关性分析是具有实际意义的。从相关性强度（袁卫等，2000）来看，大部分性状为高度相关（$r\geqslant0.7$），少数性状为中度相关（$0.4<r<0.7$）。各表型性状中壳长和壳高与活体重、软体重、壳重的相关系数较大，韧带长与活体重、软体重、壳重的相关系数较小。

表4-2　薄片镜蛤各性状之间的相关系数

性状	SL	SW	SH	a	b	c	MW	Sw	W
SL	1	0.762**	0.947**	0.821**	0.793**	0.600**	0.820**	0.849**	0.818**
SW		1	0.746**	0.740**	0.714**	0.626**	0.611**	0.610**	0.572**
SH			1	0.799**	0.768**	0.593**	0.823**	0.849**	0.806**
a				1	0.913**	0.559**	0.651**	0.687**	0.645**
b					1	0.532**	0.611**	0.649**	0.585**
c						1	0.459**	0.458**	0.434**
MW							1	0.923**	0.888**
Sw								1	0.935**
W									1

注：**表示相关性极显著（$P<0.01$），下同。

4.1.2.3　表型性状与重量性状间的回归分析

自变量选择壳尺寸性状，因变量为重量性状，利用SPSS软件进行逐步回归分析，得到对因变量影响显著的各自变量的通径系数（表4-3）。参照显著性检验结果，通径系数达到显著水平的性状被保留，不显著的性状被剔除。在对软体部重和壳重的回归分析中，剔除了壳宽、壳顶至壳前距、壳顶至壳后距、韧带长；在对总重的回归分析中剔除了壳宽、壳顶至壳前距、韧带长，最终得到薄片镜蛤壳尺寸性状对重量性状的最优回归方程如下：

$$MW=-25.653+0.399\,SH+0.331\,SL \qquad R^2=0.693$$
$$Sw=-25.484+0.382\,SL+0.390\,SH \qquad R^2=0.739$$
$$W=-53.576+1.208\,SL-0.347\,b+0.654\,SH \qquad R^2=0.691$$

如表 4-4 所示，各方程回归关系均达到了极显著水平（$P<0.01$），所以以上方程成立，可以进一步进行通经分析。并且上述方程经回归预测，估计值与实际观测值差异不显著（$P>0.05$），说明上述方程可以真实客观地反映薄片镜蛤表型性状和重量性状之间的关系。

表 4-3　薄片镜蛤表型性状的回归系数检验

因变量	自变量	回归系数	标准误差	t-统计量	P 值
MW	截距	−25.653	2.005	−12.735	0.000
	SH	0.399	0.137	2.903	0.004
	SL	0.331	0.132	2.511	0.013
Sw	截距	−25.484	1.891	−13.479	0.000
	SL	0.382	0.124	3.070	0.003
	SH	0.390	0.130	3.013	0.003
W	截距	−53.576	4.623	−11.588	0.000
	SL	1.208	0.308	3.925	0.000
	b	−0.347	0.153	−2.268	0.025
	SH	0.654	0.305	2.142	0.034

表 4-4　薄片镜蛤表型性状与重量性状间多元回归方程的方差分析

因变量	项目	自由度 df	平方和 SS	均方 MS	F 检验值	P 值
MW	回归	2	485.650	242.825	137.762	0.000
	残差	122	215.042	1.763		
	总计	124	700.692			
Sw	回归	2	545.175	272.588	173.851	0.000
	残差	122	191.288	1.568		
	总计	124	736.464			
W	回归	3	2 350.304	783.435	90.740	0.000
	残差	121	1 044.699	8.634		
	总计	124	3 395.003			

4.1.2.4 壳尺寸性状对重量性状影响的通径分析

在回归分析的基础上，剔除差异不显著的表型性状，并计算壳尺寸性状对重量性状的通径系数和相关指数，由表 4-5 可知，壳高对软体重的直接作用大于壳长，但壳长通过壳高对软体部重的间接作用也较大，达到了 0.429，所以壳高是影响软体部重的主要因素。在养殖育种过程中，通过加强对壳长和壳高的选择可以有效增加软体重。壳长和壳高对壳重的直接影响均较大，且二者通过另一性状对壳重的间接影响也较大，可判断壳长和壳高是影响壳重的主要因素。对总重的直接影响中，壳长最大，达到 0.648，显著高于其他表型性状，所以壳长是影响总重的主要因素。壳高和壳顶至壳后距的间接作用均大于直接作用，尤其是壳高主要是通过壳长间接影响了总重。

表 4-5　表型性状对重量影响的通径分析

项目	性状	相关系数 (r_{x_iz})	直接作用 (P_i)	间接作用 $(r_{x_iz} \times P_i)$			
				Σ	SH	SL	b
MW	SH	0.823**	0.453**	0.370		0.370	—
	SL	0.820**	0.391**	0.429	0.429		—
Sw	SH	0.849**	0.431**	0.418		0.409	—
	SL	0.849**	0.440**	0.409	0.418		—
W	SH	0.806**	0.336**	0.470		0.614	−0.144
	SL	0.818**	0.648**	0.170	0.319		−0.149
	b	0.585**	−0.188**	0.773	0.259	0.514	

4.1.2.5 表型性状对重量性状的决定程度分析

根据公式 $d_i = P_i^2$ 和 $d_{ij} = 2r_{ij}P_iP_j$ 计算表型性状间对重量性状的决定系数，结果如表 4-6 所示。可以看出壳高对软体重的相对决定程度大于壳长，但壳高和壳长的共同决定系数最大达到 0.335，远大于自身对软体重的决定系数。尺寸性状对壳重的决定程度与尺寸性状对软体重的决定程度相近，但壳长的相对决定程度大于壳高。在壳尺寸对总重的决定程度中壳长的决定系数最大，为 0.420；壳顶至壳后距的决定系数最小，为 0.035；共同决定系数中，壳长和壳高的共同决定系数最大，为 0.412，远大于其他共同决定系数。

对表 4-6 进一步分析得到各表型性状对软体重的决定系数的总和为 0.693，对壳重的决定系数的总和为 0.739，对总重的决定系数的总和为 0.691。分别等于对应的相关指数 R^2 的数值。说明筛选出的壳尺寸性状是影响薄片镜蛤软体重、壳重和总重的主要表型性状，其他被剔除的性状对重量性状影响较小。

表 4-6　表型性状对重量的决定系数

项目	性状	SH	SL	b
体重	SH	0.205	0.335	—
	SL		0.153	—
壳重	SH	0.186	0.359	—
	SL		0.194	—
总重	SH	0.113	0.412	−0.097
	SL		0.420	−0.193
	b			0.035

注：粗体数据是单一自变量对因变量的决定系数（d_i），其他数据是两个自变量共同对因变量的决定系数（d_{ij}）。

4.1.3　讨论

在贝类养殖过程中，经济贝类的软体重和总重对养殖效益具有重要的影响作用。壳重并非直观的经济性状，但如果在贝类育种中，培育出壳重较小的品种，也间接影响了经济效益。而且贝壳在生态学中也有重要意义。刘慧等（2011）、张继红等（2005）等研究发现，贝类贝壳的形成在海洋碳汇中有着重要的作用。所以本实验选择软体重、壳重、总重进行分析是有意义的。袁志发等指出，性状间的相关系数是变量间相互关系的综合作用，它包含了两者的直接关系和通过其他变量的间接关系（袁志发等，2001，2002）。直接关系可以通过通径系数来表达，通径系数会因为所选的样本个数和所选性状的差异而产生变化，一般样本越多，结果越具有可信度。本实验随机抽取了 125 个薄片镜蛤，分析各个性状间的相关性及尺寸性状对重量性状的影响，为养殖选中过程中主要经济性状的选择提供理论依据；确定质量性状的回归方程，还可以解决不易直接测量的质量性状的选择问题。

本实验中所测的薄片镜蛤的各性状间均存在极显著（$P < 0.01$）的表型相关，这与已有的对其他多种贝类的研究结果一致（刘志刚等，2007；张存善等，2009；刘小林等，2002）。进一步进行逐步回归分析，剔除了和重量性状相关性不显著的尺寸性状，求得尺寸性状对各重量性状的多元回归，经检验所得方程可靠，可为薄片镜蛤选育提供了理论依据和合理的测量指标。进行通径分析时，普遍认为只有当相关指数 R^2 或各自变量对因变量的决定系数的总和大于或等于 0.85 时，表明影响因变量的主要自变量已经找到（刘小林等，2004）。本实验中，重量性状和尺寸性状的相关指数 R^2 均未超过 0.85，说明除了本实验中所选的尺寸性状外还有其他表型性状对重量性状也有较大的影响。通过本实验结果可以看出，壳表型性状对软体重、壳重和总重的影响主要

是通过壳长和壳高，二者的共同决定程度分别达到了 33.5％、35.9％ 和
41.2％。而且本实验中决定系数分析的结果与通径分析结果相同。由此可见，
壳长和壳高是决定薄片镜蛤软体重、壳重和总重的最主要性状。这一结果与学
者对其他贝类的研究相近，吴彪等（2010）研究了魁蚶的壳长、壳高、壳宽、
壳顶宽、外韧带长、背缘长和放射肋宽等 7 个表型性状对重量性状的影响效
果，结果表明，壳长、壳高和壳宽是影响体重的主要表型性状。吴杨平研究表
明大竹蛏壳长等 9 个表型性状中壳长对重量性状的决定程度最大（吴杨平等，
2012）。

　　本实验中找到了影响薄片镜蛤重量性状的主要表型性状，如果以后能开展
薄片镜蛤的人工化养殖，此结果可以为选育过程提供理论参考。但因为所选表
型性状有限，可能会有其他性状对重量性状也有较大影响，所以以后会进行更
全面的分析，以期对薄片镜蛤的研究提供更详尽的参考资料。

4.2　薄片镜蛤受精及早期胚胎发育过程的细胞学观察

　　国内外学者用光学显微镜、荧光显微镜、电子显微镜等对贝类受精细胞学
进行了大量研究，可以深入了解贝类的受精机制。目前学者对牡蛎、珠母贝、
泥蚶、扇贝等主要经济贝类的受精过程都有较深入的研究，对受精过程和机
制、受精过程中亚细胞结构（如纺锤体）动态、多倍体和非整倍体形成的受精
生物学机制、杂交受精研究等方面取得了一些进展，加速了对贝类育种技术的
完善（Longo，1976；Chen and Longo，1983；Longo et al.，1993；任素莲
等，1999；沈亦平等，1993；任素莲等，2000；杨爱国等，1999；孙慧玲等，
2000）。对薄片镜蛤的胚胎发育研究，国内外报道不多，闫喜武等（2008）在
水温 24.5～25.5 ℃、盐度 27、pH 7.5 条件下对薄片镜蛤的早期胚胎发育过
程进行了细胞学观察。王海涛等（2009）在 24.2～25.3 ℃的水温条件下，对
薄片镜蛤的早期胚胎发育过程进行了细胞学观察。但未见利用荧光显微技术观
察薄片镜蛤受精过程中精卵的结合方式和受精生物学特征的研究报道。本实验
利用荧光显微技术观察了薄片镜蛤的受精卵在受精过程，早期卵裂的核相变
化，这不仅能丰富薄片镜蛤的繁殖生物学研究内容，还可为薄片镜蛤人工育苗
和繁育过程中的人工授精技术提供理论依据和基础资料。

4.2.1　材料与方法

　　2013 年 8 月采于大连庄河湾近海，壳长（45.81±3.43）mm，壳高
（44.62±3.64）mm，壳宽（18.94±1.22）mm。培育用水为二级沙滤海水并

经 300 目筛绢，水温 25～26 ℃，盐度 26。固定液为 4％的海水甲醛溶液。将实验所用的亲贝吊养于庄河市海洋村贝类育苗场生态虾池中进行自然促熟。定期取样观察性腺发育状况，待亲贝性腺发育成熟时，将亲贝洗刷干净，阴干 12～15 h 后放入 50 L 聚乙烯桶中待其排放精卵。将刚产出精卵的亲贝挑出，分别放入 3L 的小桶中继续排放精卵。选择质量较好的精卵桶混合，精子与卵子混匀为起始时间，连续取样用 4％的海水甲醛溶液固定。

固定后需要在光学显微镜下观察早期胚胎发育的样品，做成水装片，观察并拍照，记录各阶段发育时间。荧光显微观察的样品经 8％蔗糖的 0.1mol/L 磷酸缓冲液（pH＝7.4）清洗 3 次后，加入 DAPI 染色 1 h 后，在荧光显微镜（LEICA DM 2000）下观察，拍照。

4.2.2 结果

4.2.2.1 薄片镜蛤的受精细胞学观察

薄片镜蛤为体外受精，精子和卵子必须同时排放，克服水环境的影响，依靠精子的运动能力，找到同类的卵子。精子运动既可以由卵子分泌的化学诱导物质激动，也可以由卵子产生的多肽类物质激动，引导精子和卵子结合。薄片镜蛤成熟的未受精的卵子呈圆形（彩图 2 A），直径约为 65 μm，多数核相处于第一次成熟分裂中期。精子在荧光显微镜下仅能看到为一蓝色荧光亮点（彩图 2 B），通过尾巴的摆动游动找到成熟的卵子并附着在卵子表面，然后进入卵子内。观察发现，薄片镜蛤精子的入卵位置一般为随机。

精子进入卵子后，在卵子胞质作用下精子的精核染色质去致密，体积开始明显膨大（彩图 2 C）。此时卵子的染色体在纺锤丝的牵引下向卵膜移动，之后放出第一极体（彩图 2 D），接着会以同样的方式放出第二极体，第二极体在第一极体正下方（彩图 2 E）。

第二次成熟分裂完成后，精子的染色质变为体细胞型（Luttmer and Longo，1988）。核膜重新构建，雄原核形成了。卵核以同样的方式形成雌原核（彩图 2 F）。雌雄原核形成后分别慢慢向卵子中央移动，最后雌雄原核的核膜破裂，在卵子中央变成两组染色体（彩图 2 H）在卵子中央结合。联合后的染色体整齐地排列在赤道板上，之后在纺锤丝的作用下，染色体向两极移动，开始进行第一次卵裂。第一次卵裂结束后，形成两个卵裂球，卵裂球中的染色体重新又变为染色质（彩图 2 J），核膜也开始重建，接着第二次卵裂开始。第二次卵裂和第一次卵裂方式基本相同，只是方向与第一次卵裂垂直（彩图 2 K）。第二次卵裂完成后形成一大三小四个分裂球，此时期称为四细胞期（彩图 2 L）。

4.2.2.2　薄片镜蛤的早期胚胎发育观察

1. 受精过程

对于行体外受精的贝类来说，精卵互相作用实际上是一种特殊形式的细胞识别，精子依靠其运动能力，找到同类的卵子与其结合。从本实验观察结果看出薄片镜蛤的精子入卵位置一般随机，观察到的均为单精入卵，虽然可能会有多精入卵的情况，但在本实验中未有观察到。研究表明即使会有多精入卵的情况发生，但是最终和雌原核结合的精子只有一个。受精后卵子便相继排放第一、二极体。本实验中在水温 26 ℃、盐度 26 条件下，10 min 受精卵排放第一极体（彩图 3 B）。

2. 卵裂期

动物受精卵分裂的形式，与卵子类型有很大的关系，薄片镜蛤的卵子为均黄卵，受精卵的分裂为螺旋型分裂，属于完全卵裂且分裂球大小不等。本实验中受精后 24 min 后，卵细胞开始第一次卵裂，卵子自极体处发生纵向分裂，形成 2 个大小不等的卵裂球，二者之间的卵裂沟清晰可见，此时称为 2 细胞期（彩图 3 C）。第一次卵裂完成后 8 min，卵裂球的细胞质向植物极移动，胚胎进入第二次卵裂（彩图 3 D）。在 43 min 时第二次卵裂完成，形成一大三小四个分裂球，此时期称为 4 细胞期（彩图 3 E）。之后开始第三次卵裂，受精后 60 min，完成第三次卵裂，胚胎变为大小不等的 8 个分裂球，动物极的分裂球较小，植物极的分裂球较大，且二者不在同一直线上，此时期称为 8 细胞期（彩图 3 F）。分裂球这样不断分裂，胚胎进一步经历 16 细胞期（彩图 3 G）、32 细胞期（彩图 3 H）、64 细胞期，分裂球的数量不断增多，以至肉眼已经无法分辨分裂球的数量。但胚胎总体积并不会明显增大，所以分裂球体积是不断的变小的，1 h 53 min 时进入了桑葚胚期（彩图 3 I）。

3. 囊胚期与原肠期

受精后 2 h 42 min 桑葚期的胚胎进一步发育，植物极一端的大部分分裂球慢慢陷入胚体内部，胚体变为囊状，虽然肉眼无法看到表面密布短纤毛，但由于纤毛的摆动，可以看到胚胎可在原地不停转动，此特点可以判断胚胎进入囊胚期（彩图 3 J）。受精后 3 h 43 min，囊胚继续发育，动物半球的细胞开始下包，植物极的细胞的向内陷入，胚胎形态又发生变化，即进入了原肠期（彩图 3 K）。由于卵子的类型以及卵裂的方式不同，形成的囊胚也不同，本实验结果看出，薄片镜蛤形成的为腔囊胚。经原肠作用后，在植物极留下的开口称为胚孔或原口，内陷的腔为原肠，将来发育为消化管。

4. 担轮幼虫

在水温 26 ℃下，薄片镜蛤的胚胎发育相对较慢。受精 9h 28min 后，胚胎逐渐变长类似梨状，原口移动到胚胎的腹面，在其前端会形成一纤毛束，由于纤毛的存在，担轮期的幼虫可以自由游动。因为本实验在光学显微镜下利用相机拍摄，所以并未记录下纤毛的形状，但通过胚胎外形的观察和外形与囊胚期的对比，以及胚胎的运动能力可判断此时的胚胎已进入担轮幼虫期（彩图3 L）。担轮幼虫期，担轮幼虫虽然可以自由游动，但消化道尚未形成，它依然依靠内源性营养。此时期，壳腺已经形成，为进一步形成幼虫壳做准备。

5. 幼虫发育

担轮幼虫进一步发育，壳腺发育成幼虫壳，口前的纤毛环变为面盘，形成面盘幼虫。根据发育阶段的不同面盘幼虫可分为初期面盘幼虫、早期面盘幼虫、后期壳顶幼虫。初期面盘幼虫的幼虫壳形成后从侧面观呈英文字母D形，故也被称为D形幼虫期（彩图3 M）；也因其绞合部呈一条直线，也可称为直线绞合幼虫。面盘是幼虫的运动器官，面盘的后方是口沟，口沟接食道，胃包埋在消化盲囊之中，肠开口在后闭壳肌附近的肛门。刚形成的直线绞合幼虫靠卵黄物质营养，消化道形成后，靠面盘纤毛的有规律摆动，使海水中的单细胞藻类随着海水进入口沟，通过口纤毛使食物进入胃。早期壳顶幼虫（彩图3 N）的特点是靠近直线绞合部的两侧，壳顶隆起，面盘发达，外套膜明显。后期壳顶幼虫（彩图3 O）的壳顶较早期壳顶幼虫隆起较大，足已形成，所以此时的幼虫既能浮游，又能用足在附着基上匍匐移动。

表 4-7　薄片镜蛤早期胚胎发育

胚胎发育阶段	开始发育时间	胚胎发育阶段	开始发育时间
受精卵	5 min	桑葚期	1 h 53 min
第一极体	10 min	囊胚期	2 h 42 min
2 细胞期	24 min	原肠期	3 h 43 min
4 细胞期	43 min	担轮幼虫	9 h 28 min
8 细胞期	60 min	D 形幼虫	20 h 20 min
16 细胞期	1 h 22 min	壳顶幼虫	8 d
32 细胞期	1 h 41 min	匍匐幼虫	12 d

4.2.3　讨论

4.2.3.1　影响胚胎发育的因素

影响贝类胚胎发育的因素较多，主要包括亲贝质量、生殖细胞质量、外部环境因素（温度、盐度、光照、饵料等）。亲贝的生殖腺如果发育不成熟，产出的卵子的受精率，孵化率都会较低。精卵的成熟度对胚胎发育也有着决定性作用，未成熟的精子活力较差可能无法正常受精；为成熟的卵子因为能量的储备不够也会造成胚胎畸形。影响贝类胚胎发育的环境因素是多方面的（张国范等，2010），主要有盐度、温度、光照、饵料、水质。温度是影响胚胎发育的主要因素，胚胎阶段对温度较敏感，主要是因为胚胎对外界环境的变化适应能力较弱。一般在适宜温度范围内，温度越高，胚胎的发育速度也会越快。胚胎对光照无明显的反应，但担轮幼虫有趋光性，如果光照较强，会使担轮幼虫上浮至水面，影响胚胎的发育甚至导致大量死亡。

4.2.3.2 精子入卵时机与雌雄原核结合方式

本实验中薄片镜蛤的成熟未受精的卵子多数处于第一次成熟分裂中期，这与其他学者对双壳贝类的受精细胞学研究结果相似。如泥蚶（Sun et al.，2000）、栉孔扇贝（Ren et al.，2000）、虾夷扇贝（Yang et al.，2002）、大西洋浪蛤（Luttmer and Longo，1988）。精子入卵的位置取决于卵子的类型，薄片镜蛤为均卵黄，精子可以从任意位置进入（孙慧玲等，2000），入卵位置一般为随机，在其他贝类中已经得到证实。受精的唯一性是指每个卵细胞只能接受一个精子的遗传物质，从而保证胚胎后续发育的正常进行（樊启昶等，2002）。多精入卵现象在其他双壳贝类中出现概率较小，本实验中也未发现有多精入卵的现象。多精入卵现象在双壳贝类中也有报道（沈亦平等，1993）。但最终只会有一个精子的雄原核与雌原核结合，多余的精子会在卵内被破坏消解（陈锦民等，2004）。多精子现象不仅与精子运动能力、卵子质量和精卵浓度等密切相关，还与外界的受精条件等诸多环境因素密切相关（董迎辉等，2011）。

不同的动物的雌雄原核的结合方式可分为两种，一种为原核的融合，另一种为原核的联合。从本实验结果可知薄片镜蛤为原核融合，即雌核和雄核慢慢靠拢，最终紧贴在一起，核膜进而融合。融合过程最先开始于原核的一侧，外膜先融合，然后内膜融合，最终形成合子核，之后进入第一次卵裂过程（毕克等，2004）。日本珍珠贝（Komaru et al.，1990）、太平洋牡蛎（任素莲等，1999）和栉孔扇贝（任素莲等，2000）、紫贻贝、海滨蛤等的原核结合方式为联合，即两原核核膜不融合，直到2细胞期时，亲本基因组才首次存在于同一核中。

4.3 温度和盐度对薄片镜蛤孵化及幼虫生长存活的影响

为了保护海洋生物的多样性，维持海洋资源的可持续发展，开展薄片镜蛤的人工繁育研究具有重要意义。闫喜武等（2008）对大连庄河地区薄片镜蛤的繁殖生物学进行了初步研究，比较了不同附着基对薄片镜蛤幼虫的采苗效果，研究发现海泥作为薄片镜蛤的附着基，采苗效果较好。薄片镜蛤的人工育苗实验曾有开展（王海涛等，2009；闫喜武等，2008）。关于温度和盐度对海洋贝类受精卵孵化、幼虫生长与存活的影响，国内外已有较多报道（Doroudi et al.，1999；Lough et al.，1973；Tettelbach et al.，1980；林笔水等，1984；何义朝等，1990；刘志刚等，2007；张涛等，2003）。然而温度和盐度对薄片镜蛤受精卵的孵化、幼虫生长与存活的影响目前尚未见相关报道。本文主要研究了不同温度和盐度对薄片镜蛤受精卵的孵化及浮游幼虫生长与存活的影响，以期为薄片镜蛤苗种的规模化培育提供基础资料。

4.3.1 材料与方法

实验用 2～3 龄薄片镜蛤亲贝于 2013 年 7 月采集于大连庄河湾近海，壳长（45.81±3.43）mm，壳高（44.62±3.64）mm，壳宽（18.94±1.22）mm。将采集的亲贝吊养于贝类育苗场生态虾池中进行自然促熟。

4.3.1.1 受精卵的孵化

定期取样观察亲贝性腺发育状况，待亲贝性腺发育成熟时，将亲贝洗刷干净，阴干 12～15 h 后放入 50 L 聚乙烯桶中待其排放精卵。精卵排放完毕后，用筛绢网洗去除脏污，取部分受精卵作为孵化期的实验材料，孵化实验设 5 个温度梯度，6 个盐度梯度，每组设置 3 个重复。24 h 后统计各组孵化率；其余受精卵继续培养，培育用水为二级沙滤海水并经 300 目筛绢，水温 25.2～26.5 ℃，盐度 25～26，孵化密度 30 个/mL；24 h 后发育至 D 形幼虫，用以进行温度和盐度实验。

4.3.1.2 温度实验

温度实验的温度梯度为 18、22、26、30 和 34 ℃，盐度为 26。实验在 2 L 的塑料桶中进行，各组温度控制采用加热管及人工冰袋进行控温，各组的温度精度控制在±0.5 ℃。孵化密度 30 个/mL，浮游幼虫培育密度 10 个/mL。每 2 d 全量换等温海水一次。每天投饵两次，金藻和小球藻（体积比 1∶1）混合投喂，日投饵量 4 万～6 万个/mL。各实验梯度均设 3 个重复，每 2 d 取样 1 次，测定生长和存活。

4.3.1.3 盐度实验

盐度实验的盐度梯度为 10、15、20、25、30 和 35，温度为 25～26 ℃。实验在 2 L 的塑料桶中进行，每个组设 3 个重复。通过向海水中加淡水和添加人工海水晶控制各组的盐度。用手持盐度折射仪校对。孵化密度为 30 个/mL，浮游幼虫培育密度为 10 个/mL。换水和投饵方案同上。每 2 d 对各组随机测量幼虫的生长和存活。

4.3.1.4 数据分析

测量时每次随机抽取 30 个幼虫，在显微镜下测量幼虫的壳长、壳高。用 Excel 2007 软件对数据进行处理，用 SPSS 17.0 软件进行单因素方差分析和 Duncan 多重比较，显著性水平设为 0.05。孵化率＝D 形幼虫数/受精卵数×100%，幼虫存活率＝浮游幼虫数/实验开始时幼虫总数×100%。

4.3.2 结果

4.3.2.1 温度对孵化率的影响

如图 4-2 所示，在 18～34 ℃温度范围内，孵化率随着温度的升高先升高后降低，26 ℃时孵化率最高（91.00%±3.60%），略高于 34 ℃（86.00%±2.64%）和 30 ℃（87.67%±7.50%）的孵化率（$P>0.05$），显著高于 18 ℃（33.67%±4.04%）和 22 ℃（57.67%±5.50%）的孵化率（$P<0.05$）。18 ℃时发育缓慢，24 h 后大部分个体仍处于担轮幼虫期，且畸形率较高。

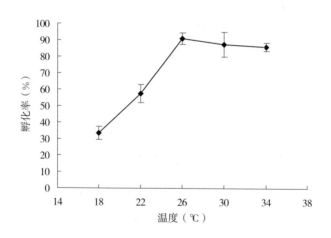

图 4-2　不同温度对孵化率的影响

4.3.2.2 温度对幼虫生长和存活的影响

如图 4-3 所示，温度对薄片镜蛤浮游幼虫壳长、壳高生长的影响趋势基本相同。发育至第 9 天时，22 ℃、26 ℃和 30 ℃条件下的幼虫生长较快，壳长和壳高分别为（141.67±1.04）μm×（120.50±1.73）μm、（145.50±1.00）μm×（122.83±0.76）μm、（142.00±2.29）μm×（119.17±2.50）μm；显著性检验结果表明，22 ℃、26 ℃和 30 ℃条件下的幼虫生长与 18 ℃和 34 ℃（129.50±

3.12）μm×（106.67±2.84）μm、（131.50±1.73）μm×（108.50±3.91）μm 差异显著（$P<0.05$）。26 ℃时壳长和壳高均为各组最大，和其他各组均差异显著（$P<0.05$），且壳长日增长率最大，为 4.10 μm/d（表 4-8）。

表 4-8　不同温度下薄片镜蛤幼虫生长（壳长，单位：mm）

温度（℃）	第 1 天	第 3 天	第 5 天	第 7 天	第 9 天
18	107.12±0.65[a]	110.84±3.35[a]	120.31±0.76[a]	125.72±2.42[a]	129.50±3.12[a]
22	107.57±0.11[a]	113.65±2.00[ab]	122.65±1.92[a]	133.22±0.75[b]	141.67±1.04[b]
26	108.54±0.08[b]	117.09±0.52[bc]	126.42±2.13[b]	136.36±2.41[b]	145.50±1.00[c]
30	110.30±0.52[c]	116.15±0.60[bc]	126.62±0.78[b]	135.83±0.76[b]	142.00±2.29[bc]
34	108.54±0.08[b]	117.57±1.01[c]	122.59±2.27[a]	126.87±1.82[a]	131.50±1.73[a]

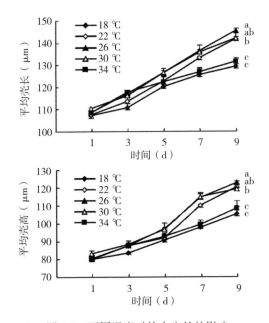

图 4-3　不同温度对幼虫生长的影响

如图 4-4 所示，温度对浮游幼虫的存活影响较大。3 日龄时，34 ℃实验组已出现幼虫活力下降、下沉等现象，存活率大幅度降低；发育至第 9 天时，幼虫成活率为 46.33%±2.08%，与其他各组差异显著（$P<0.05$）。18~30 ℃各组均有较高的存活率，18 ℃组最低，但也达到 68.00%±2.00%。26 ℃组存活率最高（77.67%±1.52%），与 22 ℃（72.67%±2.51%）和 30 ℃组（70.33%±1.52%）差异显著（$P<0.05$）。

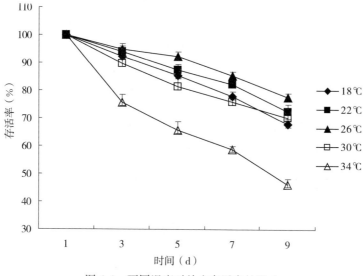

图 4-4　不同温度对幼虫存活率的影响

4.3.2.3　盐度对孵化率的影响

如图 4-5 所示，盐度对薄片镜蛤的孵化率有较大的影响。受精 24h 后，20 和 25 盐度组的孵化率较高，分别为 $82.00\% \pm 5.29\%$、$83.50\% \pm 3.12\%$，显著高于 10 和 35 盐度组（$P < 0.05$）。盐度 10 和 35 两组孵化率较低，分别为 $25.33\% \pm 4.16\%$、$20.33\% \pm 6.80\%$，绝大部分胚胎发育至担轮幼虫期前后，且畸形率较高。

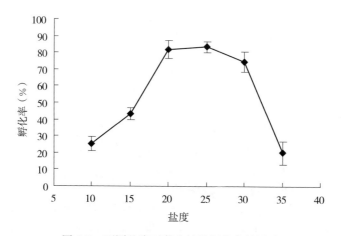

图 4-5　不同盐度对薄片镜蛤孵化率的影响

4.3.2.4　盐度对幼虫生长和存活的影响

如图 4-6 所示，盐度对浮游幼虫的生长有显著影响，低盐、高盐都会抑制幼虫的生长和发育。发育至第 9 天时，10 和 35 盐度组壳长和壳高较小，分别为（120.83±2.75）μm×（94.0±2.29）μm、（131.50±1.00）μm×（106.33±2.02）μm，与 15、20、25、30 盐度组（138.33±2.02）μm×（116.50±4.27）μm、（142.5±2.65）μm×（120.83±0.57）μm、（144.67±2.47）μm×（122.83±1.76）μm、（131.5±1.00）μm×（106.33±2.02）μm差异显著（$P<0.05$）。其中，15、20、25 和 30 盐度组中 15 盐度组壳长和壳高较小，且与其他盐度组差异显著（$P<0.05$）。20、25、30 实验组的壳长日增长率分别为 3.93 μm/d、4.02 μm/d、3.87 μm/d。

表 4-9 不同盐度下薄片镜蛤幼虫生长情况（壳长，单位：mm）

盐度	第 1 天	第 3 天	第 5 天	第 7 天	第 9 天
10	107.24±2.04[a]	109.45±2.23[a]	115.36±1.49[a]	116.80±1.08[a]	120.83±2.75[a]
15	107.42±0.13[a]	115.34±0.74[bc]	125.16±1.26[c]	133.93±1.90[bc]	138.33±2.02[c]
20	107.12±0.66[a]	116.28±1.25[bc]	126.24±2.38[c]	134.71±2.90[bc]	142.50±2.65[d]
25	108.53±0.55[a]	117.89±0.79[c]	125.95±1.30[c]	136.54±2.35[c]	144.67±2.47[d]
30	108.04±1.35[a]	115.42±2.19[bc]	123.57±0.89[bc]	132.45±1.07[b]	142.83±2.36[d]
35	107.37±1.12[a]	114.21±0.50[b]	122.42±0.13[b]	126.95±0.57[a]	131.50±1.00[b]

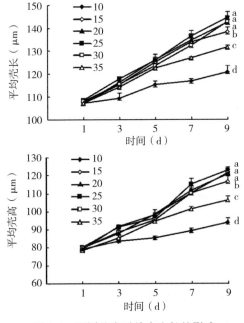

图 4-6 不同盐度对幼虫生长的影响

如图 4-7 所示，当盐度为 35 时，第 5 日幼虫成活率开始大幅度下降，发育至第 9 天时幼虫成活率仅为 41.00％±2.65％，与其他实验组差异显著（$P<0.05$）。低盐组 10 和 15 的成活率为 52.67％±2.08％和 55.67％±2.08％，与盐度 20、25、30 组差异显著（$P<0.05$）。盐度 25 组的成活率最高为 73.33％±2.89％，与其他实验组差异显著（$P<0.05$）。

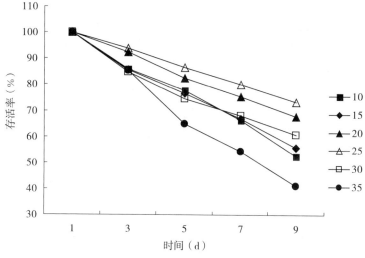

图 4-7　盐度对浮游幼虫存活的影响

4.3.3　讨论

4.3.3.1　温度对孵化率、生长和存活的影响

温度和盐度是影响水产动物生理和行为的重要环境因子之一，在海洋生态系统中，这两个环境因子决定了生物的分布和生存（Re et al.，2005）。温度和盐度对海洋贝类的孵化、幼虫的生长与存活有重要影响，贝类的生活习性与地理分布也直接影响对温度和盐度的耐受力。而随着贝类的发育，对环境因子的耐受力也有所变化，浮游幼虫期对环境因子比较敏感，因此，掌握浮游幼虫生存适宜的温度和盐度十分必要，可为贝类的人工育苗提供参考。

温度是影响贝类生长、发育和存活的一个重要环境因子，影响着贝类发育的各个时期。研究表明，温度对贝类的浮游幼虫的孵化、存活和生长发育均有明显影响，温度过高或过低均会影响幼虫的生长和发育（沈伟良等，2009；王丹丽等，2005；吉红九等，2000；郝振林等，2013）。由本实验结果可知，薄片镜蛤的适宜孵化温度为 26～34 ℃，孵化的适温范围略高于毛蚶（沈伟良等，2009）和青蛤（王丹丽等，2005），高于栉孔扇贝（梁玉波等，2008）。说明薄片镜蛤胚胎对高温的耐受性强于低温，这主要是与薄片镜蛤夏季繁殖的习性相有关。

贝类幼虫生长速度与温度关系密切，幼虫的生长速度一般表现为在达到最适温度前，随温度的升高而增加，然而随着温度继续升高会下降（吉红九等，2000）。本实验中，18 ℃温度下浮游幼虫有较高的成活率，但是幼虫生长缓慢，所以不适宜幼虫的生长。所以薄片镜蛤的浮游幼虫的适宜生长温度为22～30 ℃。适宜温度范围与缢蛏（林笔水等，1984）相近，但高于栉孔扇贝（梁玉波等，2008），这可能是与薄片镜蛤同样营埋栖生活的生活习性有关。虽然较高的温度，可以加快幼虫的生长，在从本实验结果可以看出，高温对薄片镜蛤的幼虫成活率影响较大。主要原因可能是因为温度较高时不但加速了幼虫的生长，同时也加速了水中病害生物以及有害细菌的生长，从而增加了耗氧，也降低了饵料利用率（Cook et al.，2005）。所以实际生产中不建议采用较高的水温培育浮游幼虫。

4.3.3.2 盐度对孵化率、生长和存活的影响

盐度对贝类孵化率的影响已有较多报道，国内外学者研究了海湾扇贝（Tettelbach and Rhodes，1980）、青蛤（王丹丽等，2005）、栉孔扇贝（梁玉波等，2008）和文蛤（陈冲等，1999）等不同盐度下的孵化率，结果表明盐度显著影响幼虫的孵化率。本实验中，薄片镜蛤的适宜孵化盐度为 20～30，孵化率均可达到70％以上。这比李琼珍等研究的大獭蛤的胚胎发育适宜盐度范围 26.6～31.9 要宽（李琼珍等，2004），和沈伟良等研究的毛蚶的胚胎发育适宜盐度范围 18～30 相近（沈伟良等，2009）。

近年来，盐度对贝类幼虫生长和发育影响的研究已广泛开展（潘英等，2008；林志华等，2002；陈爱华等，2008；何义朝等 1999；林君卓等；1997；尤仲杰等，2001；尤仲杰等；2003）。研究发现，不同的海产动物对盐度的适应能力有显著差异（O'Connor and Lawler，2004）。本实验结果表明，15 盐度组的幼虫生长和存活均受到较大的影响，与盐度 20、25、30 实验组差异显著（$P < 0.05$），这主要是因为盐度的改变导致海水渗透压的改变，已经超出了幼虫自身的调节能力，无法适应低盐的环境，最终导致幼虫死亡。海洋无脊椎动物幼体在过高或过低盐度中生存，出现生长缓慢、发育延迟的主要原因可能在于机体在极端盐度中的能量利用效率降低（Forcucci and Lawrence，1986）。本实验中，薄片镜蛤幼虫生长的适宜盐度为 20～30。与青蛤幼虫生长适宜盐度范围相比要窄（王丹丽等，2005），较缢蛏的适盐范围 4.5～28.3（最适盐度12.4）要高（林笔水等，1984）。这主要是因为薄片镜蛤的生活习性和庄河当地的海区环境有关。

Berger 等研究发现，不适宜的盐度会降低海洋贝类幼虫对不良环境的抵抗能力、食物的消化吸收效率，严重影响机体的生长和存活（Berger and

Kharazova，1997）。本研究表明，高盐度组和低盐度组都会造成薄片镜蛤幼虫生长缓慢，成活率降低。尽管部分幼虫在盐度 10 和 35 下能够存活，但是存活个体中畸形数量较多。通过观察，发现低盐和高盐组幼虫活力下降，摄食量也较小，明显发现胃中饵料较少，最终下沉后死亡。可能是由于幼虫体内积累了一定的营养物质，在不利环境中，幼虫仍然可依靠自身积累的营养物质以及卵中带来的营养物质继续生长，但当体内的营养物质耗尽后生长则停止（Tettelbach and Rhodes，1980）。

4.4 不同饵料和培育密度对薄片镜蛤浮游幼虫生长影响

饵料种类和培育密度是影响贝类幼虫生长的重要非生物因子，掌握合适的培育密度和有效的饵料投喂种类可以提高幼虫的成活率，缩短培育周期，以提高养殖效益。目前学者们对饵料种类和培育密度对贝类浮游幼虫的生长影响进行了广泛研究。金启增等在马氏珠母贝幼虫培育中发现幼虫培育密度与生长之间为显著的负相关关系，培育密度越大，生长越缓慢，且成活率也较低（金启增等，1982）。何庆权研究发现合浦珠母贝幼虫培育密度过高易造成缺氧现象，水质也容易恶化，幼虫发育不但缓慢，规格也参差不齐，甚至出现大量死亡现象（何庆权等，2000）。张善发等（2008）研究了 6 种饵料组合对华贵栉孔扇贝幼虫生长和成活的影响，试验结果表明，混合投喂金藻和亚心形扁藻效果最好，单独投喂小球藻和亚心形扁藻时效果最差，投喂酵母的实验组具有较高的成活率。

不同的培育密度对浮游幼虫会有较大的影响，如果密度过大，会造成浮游幼虫死亡率的升高（赵越等，2011），过低又不利于提高养殖效益，造成养殖空间的浪费。所以掌握合理的培育密度至关重要。即便掌握了适宜的培育密度，在适宜范围内，密度的不同也会对幼虫造成影响。学者普遍认为贝类的培育密度在 10 个/mL 为适宜密度（李大成等，2003；李华琳等，2004；翁笑艳等，1997）。

目前关于饵料种类和培育密度对薄片镜蛤浮游幼虫的生长影响研究还未见相关报道，本实验研究了两种饵料的 3 种投喂方式和 4 种不同培育密度对薄片镜蛤浮游幼虫的生长影响，旨在对薄片镜蛤的人工养殖提供参考，早日实现薄片镜蛤的大规模人工化养殖。

4.4.1 材料与方法

实验用 2～3 龄薄片镜蛤亲贝于 2013 年 7 月采集于大连庄河近海，壳长

（45.81±3.43）mm，壳高（44.62±3.64）mm，壳宽（18.94±1.22）mm。将采集的亲贝吊养于贝类育苗场生态虾池中促熟。受精卵孵化后定期取样观察性腺发育状况，待亲贝性腺发育成熟时，将亲贝洗刷干净，阴干 12～15 h 后放入 50 L 聚乙烯桶中待其排放精卵。精卵排放完毕后用筛绢网洗去脏污，受精卵继续培养，培育用水为二级沙滤海水并经 300 目筛绢，水温 25.5～28 ℃，盐度 23～25，孵化密度 30 个/mL；24 h 后发育至 D 形幼虫，用于饵料实验和培育密度实验。

饵料实验选用 3 种饵料组合：小球藻，酵母单独投喂，小球藻、酵母（1∶1）混合投喂。每个实验组设置 3 个重复，实验在 50 L 的塑料桶中进行，浮游幼虫的培育密度为 5 个/mL，每 2 d 全量换水一次。每天投饵两次，日投饵量 4 万～6 万个/mL。每 2d 取样测量幼虫的壳长，壳高。培育密度实验设置 5、10、15、20 个/mL 四个培育密度，每个实验组设置 3 个平行，实验在 50 L 的塑料桶中进行。实验中小球藻、酵母（1∶1）混合投喂，日投饵量 4 万～6 万个/mL。换水和测量方案同上。

测量时每次随机抽取 30 个幼虫，在显微镜下测量幼虫的壳长。用 Excel 2007 软件对数据进行处理，用 SPSS 17.0 软件进行单因素方差分析和 Duncan 多重比较，显著性水平设为 0.05。

4.4.2 结果

4.4.2.1 不同饵料对薄片镜蛤浮游幼虫生长影响

不同的饵料投喂下薄片镜蛤浮游幼虫的生长情况如表 4-10、图 4-8。从温度和盐度对浮游幼虫的生长影响可以看出，幼虫的壳高的变化和壳长相似，所以本实验不再对壳高进行分析。由图 4-8 可见，实验第 1、3 天各组幼虫生长情况差异不显著（$P > 0.05$）。实验第 5 天开始，各组开始出现差异，第 5 天和第 7 天时，酵母组幼虫壳长较小，与小球藻组和混投组差异显著（$P < 0.05$）。第 9 天时，酵母组和其他组差异显著（$P < 0.05$），混投组幼虫壳长较大，和其他组差异显著，小球组和其他组差异不显著（$P > 0.05$）。实验结束时，混投组幼虫壳长最大，达到（186.67±3.01）μm，且日增长率也最大，为 8.98 μm/d。酵母组幼虫壳长最小为（177.50±3.12）μm，日增长率为 8.07 μm/d。

表 4-10　不同饵料薄片镜蛤幼虫生长情况（壳长，单位：mm）

饵料	第 1 天	第 3 天	第 5 天	第 7 天	第 9 天
小球组	105.33±2.36[a]	129.33±3.32[a]	165.67±1.52[b]	172.50±2.59[b]	181.00±3.27[ab]
酵母组	104.83±0.76[a]	130.83±2.88[a]	151.50±1.80[a]	160.16±2.08[a]	177.50±3.12[a]

（续）

饵料	第1天	第3天	第5天	第7天	第9天
混投组	105.83±1.04[a]	130.33±0.57[a]	163.00±1.73[b]	175.00±1.80[b]	186.67±3.01[b]

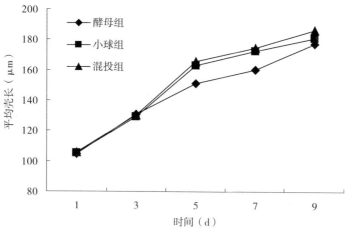

图 4-8　不同饵料对幼虫生长的影响

4.4.2.2　不同培育密度对薄片镜蛤浮游幼虫生长的影响

不同的培育密度下薄片镜蛤浮游幼虫的生长情况如表 4-11、图 4-9。由实验结果可以看出，实验第 1 天，各组幼虫生长情况差异不显著。第 2 天时，幼虫生长情况开始显现出差异，培养密度为 5 和 10 个/mL 组幼虫生长较快，壳长较大和其他两组差异显著（$P<0.05$）。第 7 天时，5 和 10 个/mL 组仍保持较快的生长，且壳长也较大，但培育密度为 5 个/mL 时，幼虫的生长更快，平均壳长为（175.00±1.80）μm，和其他各组差异均显著（$P<0.05$）。实验结束时，培育密度为 5 个/mL 的实验组壳长最大为（186.66±3.01）μm，和其他实验组差异显著（$P<0.05$）。壳长最小的为 15 和 20 个/mL 实验组，分别为（176.17±2.51）μm 和（174.00±1.80）μm。但 15 和 10 实验组差异不显著（$P>0.05$）。

表 4-11　不同培育密度薄片镜蛤幼虫生长情况（壳长，单位：μm）

密度 （个/mL）	第1天	第3天	第5天	第7天	第9天
5	105.83±1.04[a]	130.33±0.57[b]	163.00±1.73[b]	175.00±1.80[c]	186.66±3.01[c]
10	105.50±0.00[a]	129.16±1.15[b]	163.16±2.02[b]	170.76±1.50[bc]	180.00±3.28[b]
15	106.00±2.17[a]	124.33±1.60[b]	160.33±1.75[b]	169.50±3.10[ab]	176.17±2.51[ab]
20	105.66±1.89[a]	123.33±2.56[a]	154.00±4.58[a]	165.83±2.75[a]	174.00±1.80[a]

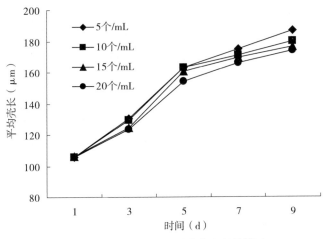

图 4-9　不同培育密度对幼虫生长的影响

4.4.3　讨论

4.4.3.1　不同饵料对薄片镜蛤浮游幼虫生长影响

在贝类育苗过程中，饵料的种类和投喂方式是影响贝类浮游幼虫生长的重要因子。如果饵料不适宜，会造成幼虫生长缓慢，成活率下降，也会对幼虫变态过程产生较大影响，可能造成幼虫无法变态或变态率较低。赵越研究发现，单独投喂小球藻会造成幼虫变态率降低；单独投喂金藻会造成幼虫成活率降低（赵越等，2011）。本实验选用小球藻、酵母两种饵料的三种不同投喂方式，研究了投喂种类对薄片镜蛤浮游幼虫的生长影响。小球藻因其本身具有抗污染特性，极易培养，在贝类育苗过程中普遍应用。酵母在水产养殖过程中也被有效利用，由于酵母菌中含有大量蛋白质和促生长因子。所以本实验选用小球藻和酵母两种饵料，采用单独投喂和混合投喂，研究不同饵料对薄片镜蛤浮游幼虫生长的影响。

从实验结果可以看出，混投组幼虫的生长最快，实验结束时平均壳长最大，小球组次之，酵母组幼虫最小。可知小球藻和酵母混投的方式对幼虫的生长有促进作用，这一结果和张善发研究的饵料对华贵栉孔扇贝浮游幼虫生长的影响结果相同（张善发等，2008）。这主要是因为小球藻有细胞壁，早期浮游幼虫虽然可以摄食小球藻，但是因为不易消化导致影响幼虫的生长。酵母对水产动物消化酶活性具有一定提高作用，进而可提高水产动物对饵料的利用率，对水产动物生长具有促进作用（王洛洋等，2011），所以混投组的幼虫生长较好。实验中酵母组幼虫的生长最差，这可能是因为酵母投喂中，如果投喂过量，会影响水质，而且单一投喂酵母可能破坏幼虫体内的微生态。本实验中的酵母投喂量可能不是最适浓度，以后应进一步开展对酵母合理投喂的研究。从本实验可知，在薄片镜蛤浮游幼虫的培育中，可以适当添加酵母以提高幼虫生长速度。本实验中只选了两种饵料，以后还应对其他贝类养殖中常用的饵料进行研究。

4.4.3.2　培育密度对薄片镜蛤浮游幼虫生长影响

贝类养殖中，苗种的培育密度是重要的非生物因素，影响贝类苗种的生长和最终的出苗量，从而会影响养殖的经济效益。培育密度过大会造成幼虫发育迟缓，或造成大规模死亡，对养殖造成损失。如果密度较小，就不能有效利用养殖资源，对设备、养殖空间、饵料造成浪费，不利于提高养殖经济效益。找到贝类育苗中最适的培育密度至关重要。我国的双壳贝类育苗的浮游幼虫培育密度一般控制在 2～10 个/mL，15 个/mL 常被认为是养殖过程中密度上限。本实验设置 5、10、15、20 个/mL 四个培育密度，研究了培育密度对薄片镜蛤浮游幼虫生长的影响。

由实验结果可知，当培育密度为 5 个/mL 时，幼虫生长最快，实验结束时幼虫壳长最大，20 个/mL 时幼虫生长最慢，实验结束时幼虫体长最小。这和李大成研究的菲律宾蛤仔浮游幼虫培养的最适培育密度结果相同（李大成等，2003）。但在实践生产中，为了充分利用养殖资源，建议采用 5～10 个/mL 的培育密度。本实验中未对幼虫的成活率进行统计，所以因为死亡导致的培育密度的变化对幼虫的影响不能准确地体现，以后应开展培育密度对幼虫成活率的研究。

5

温度和盐度对薄片镜蛤成贝生理指标的影响

5.1 温度和盐度对薄片镜蛤耗氧率和排氨率的影响

温度和盐度是影响水生生物新陈代谢的主要因素，也是随季节和气象条件变化而极易发生改变的两个环境因子。目前，国内外有关贝类耗氧率和排氨率的研究很多，贝类耗氧率、排氨率、氧氮比及辅酶 Q_{10} 的测定可以作为评估外界环境对贝类生理状态影响的重要指标（王芳等，1997；刘勇等，2007）。呼吸代谢和排泄是贝类生理活动的重要表征，也是贝类能量学研究的重要内容，它既反映了贝类在外部水域环境中的生活状况，也反映了环境条件对贝类生理活动的影响。耗氧率是指动物单位体重在单位时间内消耗氧气的数量，它与生物的种类、个体大小、体温变化、呼吸次数、血液循环快慢有密切关系，耗氧率的大小反映了薄片镜蛤新陈代谢水平的强弱。在自然水体中，随着季节、天气等自然环境的变化，水体的温度也会在一定范围内浮动。温度的变化会影响贝类的生理活动，如温度变化会影响贝类体内的生物酶的活性，进一步影响新陈代谢水平，从而影响呼吸强度。天然水体中，降水、矿物质溶解等因素会影响水体的盐度。每一种生物的体液都有一定的渗透压，而水体盐度的变化会影响生物体液渗透压的平衡，从而影响细胞与外界进行物质交换，进而会影响贝类的生理代谢活动。排氨率是指动物单位体重在单位时间内排出氨氮的含量，它与生物种类、饮食结构、水质变化等因素有关。排氨率的大小反映了贝类饮食结构和代谢水平强弱。自然水体温度的变化不仅会影响摄食、饮食结构，而且会影响贝类体内蛋白质等含氮物质的代谢活动。盐度的变化会影响生物体内的体液渗透压，进而会影响营养物质和代谢废物的交换活动，因而会影响贝类排泄物中氨氮的含量。

目前，国内外有关贝类耗氧率和排氨率的研究有很多，国外已经将海水贝类耗氧率的测定作为评估外界水环境对贝类影响的重要指标，并由此对贝类能量学与贝类生理学等方面进行了研究（王芳等，1997；刘勇等，2007）。张媛等（2007）研究了温度和盐度对橄榄蚶耗氧率和排氨率的影响，得到耗氧率和排氨率在温度 15～30 ℃随着温度的升高都有所增加；在盐度 16～36 随着盐度的升高，耗氧率和排氨率都先增加后减少，且在盐度为 26 时最低。金春华（2005）研究了温度和盐度对青蛤耗氧率和排氨率的影响，得到在温度 15～32 ℃随温度的升高，青蛤的耗氧率先增加后减少，在温度为 28 ℃时最低，排氨率明显地增加；在盐度 5～28 随着盐度的升高，青蛤的耗氧率和排氨率都先增加后减少，在盐度 20 时最高。李金碧等（2009）研究了有关温度和盐度对栉江珧耗氧率和排氨率的影响，得到在温度 18～30 ℃随着温度的升高，耗氧率和排氨率都呈增加趋势；在盐度 21～41 随着盐度的升高，耗氧率和排氨率都呈先减少后增加的趋势，在盐度 31 时最低。唐宝军等（2005）研究了不同温度和盐度下文蛤的耗氧和排氨，得到在温度 5～25 ℃随着温度的升高，耗氧率和排氨率都有所增加；在 11～41 的盐度范围内，随着盐度的增加，耗氧率和排氨率先减少后增加，在盐度 16 时最低。郭海燕等（2007）研究了温度和盐度对大西洋浪蛤耗氧率和排氨率的影响，得到浪蛤的耗氧率随温度的升高先增加后减少，在 22 ℃耗氧率达到最高，当温度超过 22 ℃时，随着温度的进一步升高，耗氧率出现下降趋势；浪蛤的排氨率和温度成正相关，随着温度的升高而排氨率持续增加。有研究表明在一定温度范围内菲律宾蛤仔耗氧率随着温度的升高先增加后减少，30 ℃达到最大值（姜宏波等，2014）。由于贝类的种类不同，得到的代谢规律有所不同，关于贝类耗氧率和排氨率的研究虽多，然而关于薄片镜蛤的耗氧率和排氨率的研究还未见到。

目前国内外关于薄片镜蛤的研究较少，国内对薄片镜蛤的研究有：王成东等（2014）关于温度和盐度对薄片镜蛤孵化及幼虫生长与存活的影响；王海涛等（2010）关于薄片镜蛤室内人工育苗的研究；闫喜武等（2009）关于薄片镜蛤人工育苗的初步研究。目前虽然有关于其他贝类耗氧率和排氨率的研究以及关于薄片镜蛤的其他科学研究，但是缺少关于温度和盐度对薄片镜蛤耗氧率和排氨率的研究，本研究填补了这一空白，弥补了关于薄片镜蛤的新陈代谢研究方向的不足。

温度和盐度是影响贝类生理活动最重要的环境因子之一。研究不同温度和盐度环境条件下，薄片镜蛤耗氧率和排氨率随温度和盐度的变化关系，有利于进一步了解薄片镜蛤新陈代谢活动，有利于指导养殖生产。综上所述，温度和盐度的变化会影响贝类体内的一系列的生理生化反应，进而影响贝类的耗氧率和排氨率，从而影响贝类的生理代谢活动。因此，通过实验方法研究不同温度和盐度环境条件下薄片镜蛤耗氧率和排氨率，对了解它的生理代谢活动有重要意义，因此，本研究不仅能够加强我们对薄片镜蛤生理活动的了解，还有利于指导养殖生产活动。

为了探究薄片镜蛤耗氧率和排氨率与温度和盐度的变化关系，本研究通过室内实验方法，设计不同的温度和盐度梯度，通过测量不同环境梯度下薄片镜蛤耗氧率和排氨率，将得到的数据进行处理和分析，找到耗氧率和排氨率随温度和盐度变化的规律，为科学实验和养殖生产提供理论支持。

5.1.1　材料与方法

5.1.1.1　实验动物

实验用的生物材料薄片镜蛤为 2015 年 3 月 11 日下午从大连市庄河海域运来的成体贝。经过统计学测量，薄片镜蛤平均壳长（46.29±3.77）mm，壳宽（47.68±3.93）mm，壳高（18.37±1.65）mm，湿重（22.74±3.70）g。

实验海水为黑石礁海域自然海水，经 24h 室内沉淀后再使用；淡水为自来水，于实验室内曝气 24h，以消除自来水中的消毒剂和净化剂等水质净化剂。

5.1.1.2　实验药品

耗氧率：氯化锰、碱性碘化钾、硫酸、硫代硫酸钠、碘化钾、碘酸钾标准溶液等。

排氨率：氨标准储备液、氨标准使用液、氢氧化钠、盐酸、溴酸钾-溴化钾使用液、次溴酸钠、磺胺、盐酸萘乙二胺等。

5.1.1.3　实验仪器

测量仪器：电子天平、分析天平、电子游标卡尺。

养殖仪器：白色塑料桶、充氧机。

实验仪器：呼吸瓶（3 L）、加热棒、温度计、盐度计、pH 计、止水夹、水样瓶、烘干器。

耗氧率测量仪器：锥形瓶、碱式滴定管、玻璃吸管。

排氨率测量仪器：比色皿、分光光度计、量瓶。

5.1.1.4　薄片镜蛤的暂养

薄片镜蛤采自大连庄河海区，潮湿状态下运至实验室，挑选健康的个体，去除表面附着物，暂养于白色塑料养殖箱内。暂养温度（10 ± 1）℃，盐度 36 左右，pH 为 7.95 左右。连续充气，每天换水 1 次，每天投破壁小球藻粉 1 次，暂养 3d 后，选择活力较强、大小均匀的健康个体进行实验（金春华等，2005）。

5.1.1.5　实验设计

（1）温度驯化

实验设置 5 个温度条件（10、15、20、25、30 ℃），每一温度条件下选用规格相近的薄片镜蛤进行驯化，各组薄片镜蛤初始温度均为（10.0±0.2）℃，温度驯化梯度为每天升 2 ℃，使用控温仪调节温度，不间断充气，盐度稳定在 36.0±0.2，pH 为 7.95±0.2，每日换水 1 次，每天投喂螺旋藻粉 1 次。达到设计温度后使薄片镜蛤适应 1d，再进行各项试验（金春华等，2005）。

（2）盐度驯化

试验设置 5 个盐度条件（16、21、26、31、36），每一盐度条件下选用规格相近的薄片镜蛤进行驯化，各组薄片镜蛤初始盐度均为 36.0 ± 0.5，盐度驯化梯度为每天下降 2，盐度使用自然海水、自来水（经 24 h 充分曝气）调节，用手持折光式盐度计测定盐度，盐度变幅为± 0.5，温度控制在（10.0 ±0.2）℃，pH 为 8±0.2，不间断充气，每日换水 1 次，每天投喂螺旋藻粉 1 次。达到设计盐度后使薄片镜蛤适应 1 d，再进行各项试验。

（3）实验过程

温度、盐度各设置五个梯度，温度（10、15、20、25、30 ℃）和盐度（36、31、26、21、16）。每一梯度设置同规格的 3 个重复组和 1 个空白对照组，以排除外界条件的干扰。取每一梯度下规格相近的薄片镜蛤 3 个，放入平行实验组呼吸瓶内，空白对照组不放入薄片镜蛤。加入相对应的梯度的海水，立即用插有进水管和出水管的橡胶塞密封，注意避免有空气残留，用止水夹夹紧出水管，营造一个密闭的环境，水浴加热温控在相对应的温度梯度内。仔细观察呼吸瓶，待实验贝张开壳后计时，实验期间，因每个实验贝张开贝壳开始呼吸的时间有差异，所以取各个贝张开贝壳的平均时间点作为实验起始时间，2 h 后，迅速用虹吸法取水样进行各项指标的测定（注意测溶氧量采取水样时要避免采水瓶内产生气泡，现场马上固定）。

测定结束后，将试验贝取出解剖，用电子天平称量软体部湿重，然后将软体部放入 120 ℃烘箱中烘干 2 h，称其软体干重，再将解剖后的贝壳放入 120 ℃烘箱中烘干 2 h，称其贝壳干重（金春华等，2005）。

（4）耗氧率的测定

采用 Winkler 碘量法测定水样中的溶氧量，根据下式计算耗氧率：

$$Ro = (Ot - Oo) \times V/Wt$$

式中，Ro 为单位体重耗氧率［mg/（g·h）］；Oo、Ot 分别为试验结束时对照组和试验组水体中溶解氧的浓度（mg/ L）；t 为试验时间（h）；V 为试验水体积（L）；W 为试验贝软体部干重（g）（成书营等，2012）。

（5）排氨率的测定

采用次溴酸钠氧化法测定水中的氨氮浓度（用可见分光光度计测定吸光值），根据下式计算排氨率：

$$Rn = (Nt - No) \times V/Wt$$

式中，Rn 为单位体重排氨率［mg/（g·h）］；No、Nt 分别为试验结束时对照组和试验组水体中氨氮的浓度（mg/L）；t 为试验时间（h）；V 为试验水体积（L）；W 为试验贝软体部干重（g）（成书营等，2012）。

5.1.1.6 数据处理

根据实验结果，准确记录原始数据，整理相关数据并进行初步分析。将实验数据进行记录、整理、分析，并制成相关图表。采用 SPSS 19.0 软件中单因子方差分析和 Duncan 多重比较分析实验所得数据，以 $P < 0.05$ 作为差异显著水平。

5.1.2 结果

5.1.2.1 薄片镜蛤的生物学数据

将试验中的薄片镜蛤的贝壳表面清洗干净，随机抽取 60 个样本个体，用吸水纸将贝壳表面的水渍吸干，用电子游标卡尺测量贝壳的长、宽、高等生物学数据，用电子秤称量其湿重。待实验结束后，将实验用的薄片镜蛤解剖，用烘箱烘干后，用分析天平称量贝壳和软体部的干重，实验记录的结果如表 5-1 所示。从表中数据可以明显看出，薄片镜蛤的个体较大，肉质含量高，适合作为一种经济种类进行养殖推广。

表 5-1　薄片镜蛤生物学数据

壳长（mm）	壳宽（mm）	壳高（mm）	湿体重（g）	软组织干重（g）	壳干重（g）
46.29±3.77	47.68±3.93	18.37±1.65	24.34±1.34	24.34±1.34	11.93±1.32

5.1.2.2 温度对薄片镜蛤耗氧率的影响

采用室内实验方法，设置 5 个温度梯度，温度对薄片镜蛤耗氧率的影响实验结果如图 5-1 所示。在 10～30 ℃ 温度范围内，随着温度的上升，薄片镜蛤耗氧率也呈上升趋势。贝类为变温动物，温度的变化可以直接影响贝类的体温，薄片镜蛤体温的变化会直接影响体内生物酶等活性物质的生物学活性。而

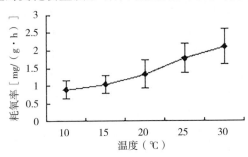

图 5-1　温度对薄片镜蛤耗氧率的影响

酶类等生物活性物质的变化会直接影响贝类体内各种生理生化反应速率，从而会影响贝类的生理活动。

5.1.2.3　温度对薄片镜蛤排氨率的影响

采用室内实验方法，设置 5 个温度梯度，温度对薄片镜蛤排氨率的影响实验结果如图 5-2 所示。在 10～30 ℃温度范围内，随着温度的上升，薄片镜蛤排氨率也呈上升趋势。

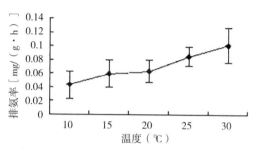

图 5-2　温度对薄片镜蛤排氨率的影响

5.1.2.4　盐度对薄片镜蛤耗氧率的影响

采用室内实验方法，设置 5 个盐度梯度，盐度薄片镜蛤耗氧率的影响实验结果如图 5-3 所示。在 16～36 盐度范围内，随着盐度的上升，薄片镜蛤耗氧率呈现上升趋势。海水的盐度构成了海水的渗透压，盐度的变化会影响海水的渗透压。贝类体液也有一定的渗透压，贝类通过体液与外界进行物质交换。当外界渗透压变化时，会影响其与外界环境进行营养物质和代谢废物的交换，因而影响贝类的耗氧率。

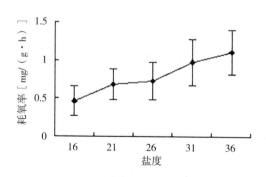

图 5-3　盐度对薄片镜蛤耗氧率的影响

5.1.2.5　盐度对薄片镜蛤排氨率的影响

采用室内实验方法，设置 5 个盐度梯度，盐度对薄片镜蛤排氨率的影响实验结果如图 5-4 所示。在 16～36 盐度范围内，随着盐度的上升，薄片镜蛤排氨率也呈现上升趋势。

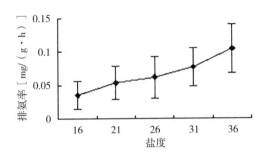

图 5-4　盐度对薄片镜蛤排氨率的影响

5.1.2.6　不同温度下薄片镜蛤氧氮比

不同温度梯度下，薄片镜蛤氧氮比如表 5-2 所示。在 10～30 ℃温度范围内，薄片镜蛤氧氮比基本维持在 21 左右，呈现出先升高再降低的趋势。在 20 ℃时有最大值。

表 5-2　温度对薄片镜蛤 O∶N 的影响

温度（℃）	耗氧率 [mg/ (g·h)]	排氨率 [mg/ (g·h)]	O∶N
10	0.894	0.043	20.74
15	1.037	0.059	17.52
20	1.329	0.063	21.05
25	1.769	0.085	20.33
35	2.106	0.101	20.85

5.1.2.7　不同盐度下薄片镜蛤氧氮比

不同盐度梯度下，薄片镜蛤氧氮比如表 5-3 所示。在 16～36 盐度梯度范围内，薄片镜蛤的氧氮比基本在 12 左右，基本保持在一定范围内。在总的变化趋势上看，随着盐度的升高，氧氮比呈先下降再升高再下降的趋势。在盐度为 31 时有一个拐点。

表 5-3　盐度对薄片镜蛤 O∶N 的影响

盐度	耗氧率 [mg/ (g·h)]	排氨率 [mg/ (g·h)]	O∶N
16	0.461	0.035	13.13
21	0.681	0.053	12.80
26	0.729	0.062	11.77
31	0.976	0.077	12.69
36	1.108	0.104	10.65

5.1.3　讨论

温度和盐度是影响水产动物生理和行为的重要环境因子，在海洋生态系统中，这两个环境因子决定了生物的分布和生存（王俊等，2004）。温度和盐度变化对海洋贝类的新陈代谢活动有重要影响，而贝类的生活习性与地理分布也直接影响对温度和盐度的耐受力。因此，研究不同温度和盐度对薄片镜蛤耗氧率和排氨率的影响，有利于全面了解薄片镜蛤生理代谢活动，为科学研究和养殖生产提供科学的理论支持。

5.1.3.1　温度对薄片镜蛤耗氧率和排氨率的影响

贝类属于变温动物，温度是影响变温动物呼吸代谢的一个重要因子，因而温度是影响贝类生理的主要因素。大量研究表明，在对贝类的研究中，随着温度的变化，贝类的耗氧率呈现两种趋势：一是在某温度范围内，随着温度的上升，耗氧率一直呈上升趋势；二是在某温度范围内，随着温度的上高，贝类的耗氧率先呈上升趋势，当超过某一温度时，耗氧率反而呈现下降的趋势（Widdows，1978；姜祖辉等，1999）。Widdows（1978）的研究表明在不驯化、短期驯化、长期驯化3种条件下，贻贝的耗氧率随温度的变化表现出了不同的变化趋势；另一方面，在研究中设置的温度梯度可能并不在某种贝类最适的实验温度。

实验结果显示，在10～30 ℃的温度范围内，薄片镜蛤的耗氧率随着温度的升高呈上升趋势，这也符合常规贝类耗氧率变化趋势。之所以没有出现拐点，可能是没有超出薄片镜蛤的正常耐受范围。

水体温度的变化会影响薄片镜蛤一系列的生理反应，最重要的是影响贝类体内生物酶的活性，进而影响生理生化反应速率，从而影响新陈代谢反应。在本实验中，在10～30 ℃温度范围内，随着温度的升高，薄片镜蛤体内生物酶的活性提高，生化反应速率加快，对氧气消耗加强，所以才会出现图5-1所示的现象。10～15 ℃可能是由于温度较低，生物酶活性低，生化反应速率变化不甚明显，因此耗氧率变化不甚明显。15～30 ℃随着水温升高，生物酶的活性显著增强，生化反应速率提高，耗氧率呈现显著上升趋势。

贝类排泄的产物主要有氨、尿素、氨基酸等，同时还有少量黏液。绝大多数双壳类的主要排泄产物为氨，占总排泄量的70%或更多，其余部分因种类不同而所占比例不等。贝类代谢活动不仅与种类、个体大小有关，也与饮食结构、环境变化息息相关。通过对薄片镜蛤排氨率的研究不仅有利于了解它的饮食结构，还有利于了解它的新陈代谢过程。在养殖生产中，可以根据排氨率，调整投喂食物的种类和数量，进而实现经济效益的最大化。

氧氮比（O：N）是表示动物呼吸底物的重要参数，是生物体内蛋白质与脂肪和碳水化合物分解代谢的比率。O∶N 比值大表明动物消耗的能量较少部分由蛋白质提供，多数由脂肪和糖类提供（栗志民等，2011）。因此，通过氧氮比可以推测薄片镜蛤代谢所消耗的能量物质种类以及大概占有的比例。Mayzalld（1976）提出，如果完全由蛋白质氧氮提供能量，O∶N 约为 7。Ikeda（1974）认为，如果是蛋白质和脂肪氧化供能，O∶N 约为 24。Conover（1978）指出，如果主要由脂肪或碳水化合物供能，O∶N 将由此变为无穷大。在本试验中，O∶N 比维持在 21 左右，说明薄片镜蛤在 10～30 ℃范围内主要以蛋白质和脂肪氧化供能。在 20 ℃时有最大值。

5.1.3.2 盐度对薄片镜蛤耗氧率和排氨率的影响

盐度是海水养殖中最重要的环境因子，它的变动对养殖贝类的生理代谢具有明显的影响。低盐度影响贝类生理代谢活动的原因，范德朋等（2002）认为低盐度的海水使贝类生物体内的渗透压发生改变，进而导致贝类关闭贝壳，将组织与低盐环境相隔离从而保护机体免受低盐的伤害，这是贝类长期适应自然生活环境而产生的一种生理性保护反应。Navarro（1988）研究发现，当盐度在 18～30 时，会使合唱壳菜蛤（*Choromytilus chorus*）的耗氧率随盐度的降低而降低，但影响不明显，而且当盐度在 15～18 时，*C. chorus* 会部分或全部关闭贝壳。Shumway 等（1982）的研究表明，当外界盐度达 20.1 时，落偏顶蛤（*Modiolus demissus*）出现贝壳关闭；而在低盐条件下，只要贝壳保持张开，其耗氧率并无明显变化。Djangmah 等（1979）的研究结果也表明，西非老蚶（*Anadara senilis*）在外界盐度达到 15.4 时会出现贝壳关闭。

在本实验中，随着盐度的降低，薄片镜蛤耗氧率一直呈现下降的趋势，此实验结果也与其他贝类相类似。但是在 16 盐度时并没有出现闭壳现象，由此可以推测，薄片镜蛤对盐度的耐受力较大。此外，从耗氧率随盐度的变化曲线可以看出，盐度对薄片镜蛤呼吸代谢有影响。

对于生物研究的另一个指标 O∶N 值，Widdows（1978）认为，尽管尚未证明 O∶N 差异对有机体的生长速率及生长结束时所能达到的个体大小有直接的影响，但已有诸多迹象表明 O∶N 变化与有机体所受到的环境压力是紧密相关的，因而可以将其作为生物体对环境压力适应程度的一项指标。在本实验中，在 16～36 盐度范围内氧氮比在 11 左右，说明在低盐度时以蛋白质代谢为主，薄片镜蛤氧氮比在总的变化趋势上来看，呈现下降的趋势，在盐度为 31 时有最大拐点，说明在研究范围内，薄片镜蛤体内脂肪和糖类代谢水平最高，蛋白质的代谢水平较低。在低盐度时，薄片镜蛤将加大对蛋白质的分解代谢。

笔者认为，贝类在最适宜的盐度范围时，由于体内的渗透压与环境中的渗透压处于相对的平衡状态，因此需要较少的能量来维持自身的生理活动，当周围盐度变化时，需要通过改变代谢活动来产生更多的能量，来调节自身的渗透压来适应环境的变化。

5.2 温度和盐度对薄片镜蛤呼吸代谢酶活力的影响

水产动物在养殖过程中，盐度是影响其生长和存活的一种重要的生态因子，主要反映了水中无机离子含量通过影响机体渗透调节耗能进而影响消化酶和抗氧化酶活力以及免疫相关因子含量等指标（鹿瑶等，2015）。在盐度对日本囊对虾的研究中，盐度过高过低都会导致其生长变慢，死亡率增加（赵文等，2011）。大部分贝类能根据周围海水的盐度不同而调节其渗透压以利于呼吸代谢和摄食，从而影响其生存、发育、生长和繁殖等行为。因此，研究盐度对薄片镜蛤生理生化的影响具有重要意义，已经成为探讨薄片镜蛤适宜生长发育条件的重要内容之一。动物能量代谢有两个重要途径——糖酵解和三羧酸循环，糖酵解是将葡萄糖或糖原分解成丙酮酸和 ATP 及 NADH＋H$^+$ 的过程，此过程中不但有少量 ATP 生产，而且还产生丙酮酸。在有氧的条件下，丙酮酸可进一步氧化分解生成乙酰辅酶 A 进入三羧酸循环，生产大量的 ATP 供机体进行能量代谢活动。己糖激酶（HK）和丙酮酸激酶（PK）是糖酵解过程中重要的变构调节酶，琥珀酸脱氢酶（SDH）参与三羧酸循环和氧化磷酸化作用，其活力可在一定程度上反映有氧代谢的水平，而温度是影响水产动物呼吸代谢酶活力最重要的因素之一，研究温度对贝类呼吸代谢的酶学机制对于进一步分析和解释不同温度下薄片镜蛤呼吸代谢的生理机制具有重要意义。

目前，国内关于薄片镜蛤的研究报道较少，仅仅在其幼虫的养殖和人工育苗技术、薄片镜蛤繁殖周期和人工育苗技术，温度和盐度对薄片镜蛤孵化及幼虫生长与存活的影响等方面有所报道（闫喜武等，2008；王海涛等，2010；王成东等，2014），但是关于温度和盐度对于薄片镜蛤成贝的研究目前尚未见报道。本研究中，分析了温度、盐度对辽宁省大连市庄河海域薄片镜蛤的影响，以期为薄片镜蛤野生种质资源的保护和人工育苗提供科学的依据。

5.2.1 材料与方法

5.2.1.1 实验材料

实验用的薄片镜蛤来自辽宁省大连市庄河养殖海域，于 2015 年 12 月 6 日运回实验基地，均为体色正常、健康活泼的个体，镜蛤运回后，先在塑料水槽（50cm×30cm×35cm）中暂养，海水的盐度为 35，室温为 13 ℃，暂养期的温度用冰块控制在（10±0.5）℃，每天喂一次饵料，每天换水一次，等到温度和盐度达到设定的梯度后（温度为 10、15、20、25、30 ℃，盐度为 15、20、25、30、35），开始分槽实验。

5.2.1.2 实验方法

设定温度梯度为 10、15、20、25、30 ℃共 5 个梯度，每个梯度做一组实验组和两组对照组，暂养结束后，挑选大小相似、健康的 45 个镜蛤个体于刷干净且充氧的水槽中，每个水槽中放 3 个个体，生物学数据见表 5-4，提前一周之内用加热棒将水温调好梯度，在调好的温度中暂养 4h 后，随机选取每个水槽中的 2 个个体，采集组织样本，制作组织匀浆，测定各种酶的活性，取样前 24h 停止投喂饵料。试验结束后，统计每个温度下的死亡率。

设定盐度梯度为 15、20、25、30、35 共 5 个梯度，每个梯度同样做一组实验组和两组对照组，暂养结束后，挑选大小相似、健康的 45 个蛤蜊个体于刷干净且充氧的水槽中，每个水槽中放 3 个个体，生物学数据见表 5-5，前一天配好海水的盐度，在配好的盐度中暂养 4h 后，随机选取每个水槽中的 2 个个体，采集组织样本，制作组织匀浆，测定各种酶的活性，取样前 24h 停止投喂饵料。试验结束后，统计每个盐度下的死亡率。

表 5-4 不同温度下薄片镜蛤的生物学数据（平均值±标准差）

温度（℃）	壳长（cm）	壳宽（cm）	壳高（cm）	湿重（g）
10	55.24±0.87	22.03±1.23	52.41±0.98	37.38±1.09
15	52.92±2.09	21.57±1.45	50.34±1.22	33.3±1.47
20	52.36±2.21	19.55±1.87	50.42±1.26	29.50±0.46
25	53.47±0.45	20.63±0.87	50.91±0.91	31.04±1.73
30	52.56±2.08	20.53±0.47	52.23±2.21	30.96±1.65

表 5-5 不同盐度下薄片镜蛤的生物学数据（平均值±标准差）

盐度	壳长（cm）	壳宽（cm）	壳高（cm）	湿重（g）
15	51.19±0.23	20.00±0.87	49.28±0.23	28.04±1.09
20	48.05±1.23	18.43±2.01	46.88±0.82	23.79±1.92
25	48.55±0.74	20.17±0.54	48.06±2.01	26.76±3.01
30	47.19±1.46	18.44±1.24	45.17±2.16	22.02±2.10
35	50.71±1.20	19.36±2.32	47.48±1.23	26.43±1.35

5.2.1.3 样品的制备

取样时，在冰浴的条件下用镊子等工具将双壳剖开，取出其内脏组织团，用垫滤纸的电子天平称重（每个个体取组织 0.3 g），然后在冰水浴的条件下用玻璃匀浆器匀浆后，于 4 ℃、3 500 r/min 离心机离心 15 min，取适量的上清液进行实验，将暂时不用的多余的上清液在 −80 ℃的冰箱中储存起来备用。

5.2.1.4 蛋白含量和呼吸代谢酶活性的测定

蛋白含量及相关呼吸代谢酶活力的测定均按照试剂盒随带的说明书进行。

蛋白浓度的测定采用考马斯亮蓝法。取适量组织匀浆液，按说明书添加一定量的考马斯亮蓝，用分光光度计在 595 nm 下测定吸光值，以确定蛋白质浓度。该染料在游离状态下呈红色，最大光吸收在 488 nm；当它与蛋白质结合后变为青色，蛋白质-色素结合物在 595 nm 波长下有最大光吸收。其光吸收值与蛋白质含量成正比，因此可用于蛋白质的定量测定。

丙酮酸激酶（PK）活力的测定采用紫外比色法测定。丙酮酸激酶使磷酸烯醇式丙酮酸和 ADP 变为 ATP 和丙酮酸，是糖酵解过程中的主要限速酶之一，有 M 型和 L 型两种同工酶，M 型又有 M1 及 M2 亚型。M1 分布于心肌、骨骼肌和脑组织；M2 分布于脑及肝等组织。L 型同工酶主要存在于肝、肾及红细胞内，缺乏丙酮酸激酶能使 ATP 的生成减少，因而影响红细胞膜的功能，对判断心肌损伤有很高的科研意义。

己糖激酶（HK）活力的测定采用紫外比色法测定。己糖激酶广泛存在于以糖为能源的细胞，但在酵母、肝、肌肉、脑等最多。该酶是别构酶，可被结晶化，专业性不强，受葡萄糖-6-磷酸和 ADP 的抑制。实验表明，HK 可以和细胞膜上的葡萄糖转运蛋白功能相互偶联，对于机体细胞内葡萄糖流量和代谢产生一定的影响。

琥珀酸脱氢酶（SDH）的测定采用比色法，琥珀酸脱氢酶是黄素酶类，属于细胞色素氧化酶，是 TCA 循环中唯一一个整合于膜上的多亚基酶，在真核生物中，结合于线粒体内膜，在原核生物中整合于细胞膜上，是连接氧化磷酸化与电子传递的枢纽之一，可为真核细胞线粒体和多种原核细胞需氧和产能的呼吸链提供电子，是线粒体的一种标志酶，属于膜结合酶。在琥珀酸脱氢酶催化底物反应的反应中，FAD 被还原成 FADH，该反应与 2,6-DPIP（2,6-二氯靛酚钠）的还原相偶联，所以测定 2,6-DPIP 的还原速度可以推算出 SDH 的活力。

乳酸脱氢酶（LDH）的测定采用比色法，乳酸脱氢酶（LDH）是一种稳定的蛋白质，存在组织细胞的胞质内，可以催化丙酮酸与乳酸之间的还原与氧化反应，是参与糖无氧酵解和糖异生的重要酶，其同工酶的分布有明显的组织特异性，所以可以根据其组织特异性来协同诊断疾病，可以判断细胞受损程度。

5.2.1.5 数据分析

原始数据经 Excel 2010 初步整理，采用 SPSS 19.0 中的单因素方差分析，对数据进行统计分析，并进行 Fisher's LSD 多重比较。统计结果用平均值±标准误表示，显著性水平为 $P < 0.05$，不显著性水平为 $P > 0.05$。

5.2.2 结果

5.2.2.1 温度和盐度对丙酮酸激酶活性的影响

温度对薄片镜蛤 PK 活性的影响见图 5-5，从整体变化来看，随着温度的升高，PK 的活性不断升高，在 15～20 ℃时，酶活性略有下降，但是当温度超过 20 ℃时，PK 的活性开始略有升高，温度为 30 ℃时，PK 的活性最大。各温度下 PK 活性差异都不显著（$P > 0.05$）。

盐度对薄片镜蛤 PK 活性的影响见图 5-6，随着盐度的升高，PK 的活性不断升高，当盐度在 30 的时候，PK 活性达到了最高峰，但是当盐度超过 30 时，PK 的活性开始降低，在盐度为 35 时，PK 的活性与其他四组差异显著（$P < 0.05$），在盐度 15～25 和 30～35 时，彼此之间的差异不显著（$P > 0.05$）。

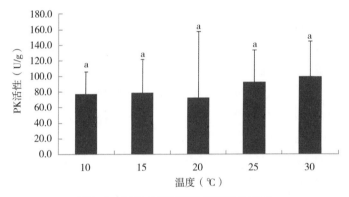

图 5-5　温度对丙酮酸激酶活性的影响

注：不同上标字母代表差异性显著（$P < 0.05$）下同。

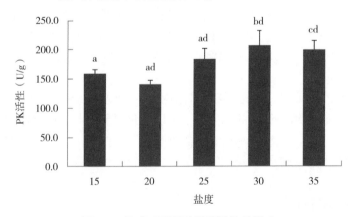

图 5-6　盐度对丙酮酸激酶活性的影响

5.2.2.2 温度和盐度对琥珀酸脱氢酶活性的影响

温度对薄片镜蛤 SDH 活性的影响见图 5-7，随着温度的升高，SDH 活力不断下降，在温度 10 ℃ 的时候，SDH 的活性是最高的，各温度下差异都不显著（$P > 0.05$）。

盐度对薄片镜蛤 SDH 活性的影响见图 5-8，在盐度 15 和 25 的时候，SDH 的活性比较高，但是在盐度 20 的时候，SDH 的活性反而降低，当盐度到达 30 时，SDH 的活性又降低，当盐度达到 35 的时候，SDH 的活性又有升高的迹象，盐度在 25 和 30 的梯度下与其他梯度下（15、20、35）存在显著差异（$P < 0.05$）。

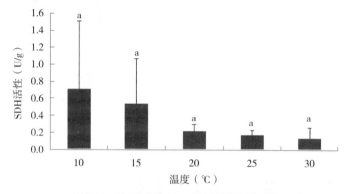

图 5-7 温度对琥珀酸脱氢酶活性的影响

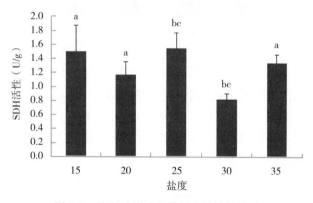

图 5-8 盐度对琥珀酸脱氢酶活性的影响

5.2.2.3 温度和盐度对己糖激酶活性的影响

温度对薄片镜蛤 HK 活性的影响见图 5-9，在 10～15 ℃ 和 20～30 ℃，随着温度的升高，HK 的活性不断升高，但是在 10～20 ℃，HK 的活性明显降低。各温度下差异都不显著（$P > 0.05$）。

盐度对薄片镜蛤 HK 活性的影响见图 5-10，当盐度低于 25 或者超过 25 的时候，随着盐度的不断升高，HK 的活性呈现降低趋势，在盐度 25 的时候，酶的活性达到最高值，在盐度为 35 时与其他各组存在显著差异（$P < 0.05$），

但是其他各组之间差异不显著（$P>0.05$）。

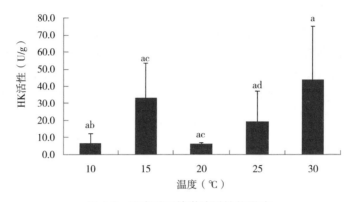

图 5-9　温度对己糖激酶活性的影响

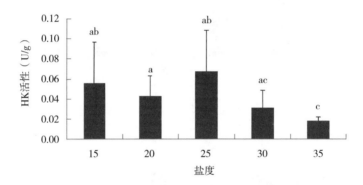

图 5-10　盐度对己糖激酶活性的影响

5.2.2.4　温度和盐度对乳酸脱氢酶活性的影响

温度对薄片镜蛤 LDH 活性的影响见图 5-11，随着温度的不断升高，LDH 的活性越来越高，各温度下，LDH 的活性差异不显著（$P>0.05$）。

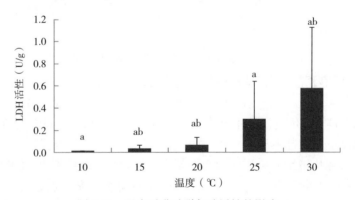

图 5-11　温度对乳酸脱氢酶活性的影响

盐度对薄片镜蛤 LDH 活性的影响见图 5-12，从总体的情况来看，当盐度在 25 的时候，LDH 活性最高，当盐度低于这个盐度或者高于这个盐度时，LDH 的活性都会降低。盐度为 30 时与其他各组存在显著差异（$P < 0.05$），其他梯度的盐度下差异不显著（$P > 0.05$）。

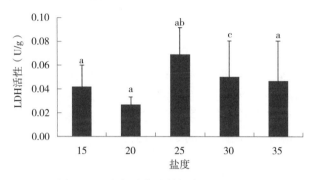

图 5-12　盐度对乳酸脱氢酶活性的影响

5.2.3　讨论

5.2.3.1　温度对薄片镜蛤呼吸代谢酶活力的影响

在缺氧或者动物机体本身代谢过于旺盛但氧气供应不足的情况下，机体能量的供应主要通过糖酵解作用，丙酮酸激酶和己糖激酶是糖酵解过程中重要的变构调节酶，催化不可逆反应（Guo et al.，2010；Sangiao-Alvarellos et al.，2006），对糖酵解有重要作用，研究已经发现这 2 种酶和能量代谢有关，通过酶活力短时间的变化，产生更多 ATP 能量，以应对环境的变化，琥珀酸脱氢酶参与氧化磷酸化作用和三羧酸循环，琥珀酸脱氢酶的活力可在一定程度上反映有氧代谢的水平（路允良等，2012a）。乳酸脱氢酶与细胞代谢活动关系密切，是糖酵解与 TCA 循环之间的关键酶（Valarmathi and Azariah，2003），其活力可作为衡量无氧代谢水平的指标之一（Berges and Ballantyne，1991）。

己糖激酶活力的变化取决于外源或者内源葡萄糖的利用，机体利用外源葡萄糖能力的下降会引起 HK 活力的下降，Metón 等（2003）在研究金头鲷时发现，机体通过糖酵解和糖异生这两个相对立的过程来保持葡萄糖水平的动态平衡，机体葡萄糖的大量消耗，通过糖异生来补充，在本实验中，HK 的活力总体上呈现一个随着温度的升高而升高的现象，在温度达到 30 ℃时，其活力达到了最高值，糖酵解作用加剧，糖异生作用抑制，以维持机体的血糖水平，满足呼吸代谢的需求，在 15 ℃时其酶的活性的突然升高，可能和当时实验操作不规范造成的。

机体生存所需 ATP 的形成包括有氧的氧化磷酸化和无氧的糖酵解过程，

当机体的供氧不足时，需氧的氧化磷酸化过程受到抑制，而糖酵解成为主要的供能方式，由于溶解氧含量在高温水中比低温水中低，此时，薄片镜蛤可能选择其他 ATP 产生途径，例如糖酵解，在一定程度上加大 ATP 产量，以支持薄片镜蛤的持续运动，在本研究中，15～20 ℃时，薄片镜蛤组织中 PK 的活力差异并不是那么明显，可能与此时的温度较接近驯养温度有关，但是当温度超过 20 ℃时，PK 活力开始随温度上升而上升（许友卿等，2012），且差异比较显著，在温度达到 30 ℃时，达到最高，说明在温度超过 20 ℃时，组织中的糖酵解能力比较强，机体提高了葡萄糖的流量，以满足耗氧代谢的需求，而引起糖酵解加强的原因可能是随着温度的上升，薄片镜蛤代谢过于旺盛但是氧气供应不足，通过糖酵解来提供能量，满足呼吸代谢的需要。

在实验中，薄片镜蛤组织中的 SDH 活力随温度的升高而降低，在温度 10 ℃时，SDH 的活力显著高于其他温度下的活力，这说明薄片镜蛤在低温下有氧代谢比较旺盛，而随着温度的升高，其有氧代谢反而降低。对溶氧量的要求也比较低，可能在较低温度时，蛤需要通过线粒体的呼吸作用加大 ATP 产量来维持温度，而当温度较高时，所需的 ATP 产能比较少，导致 SDH 的活力也降低。本实验结果表明伴随着组织中 SDH 活力的降低，蛤的耗氧率也降低，为了让薄片镜蛤能进行正常的呼吸代谢，在养殖的过程中，一方面要控制养殖的密度，另一方面在晴天或者温度较高时要对水体进行充氧，保证蛤对溶解氧的需求。LDH 作为衡量无氧代谢水平的酶之一，在实验中，随着温度的上升其活力呈现升高趋势，由于温度的升高，水中的溶氧不足，机体只有通过无氧呼吸来提供能量以维持代谢所需的能量，因此 LDH 的活力随着温度的升高呈现升高趋势。综上所述，SDH 和 LDH 在细胞代谢中是协同的关系，即此消彼长，通过相互之间的协同来完成细胞的代谢。

5.2.3.2 盐度对薄片镜蛤呼吸代谢酶活力的影响

实验结果表明，在非等渗环境中，PK 的活力随着盐度的升高而增强，在盐度为 30 时达到了最高值，提高了糖酵解的速率，从而为渗透压调节提供更多的能量，但是 HK 的活力随着盐度的变化与 PK 呈现出了相反的变化趋势，即随着盐度的升高其活力整体呈现降低的趋势，在盐度为 15 时，其活力最高，当盐度达到 35 时，其活性最低，对于这种变化趋势，可能在盐度为 15 时，HK 首先参与糖酵解，主要参与糖酵解的酶为己糖激酶，即在低盐度条件下 HK 的活性比 PK 的活性低，而随着盐度的升高，糖酵解的酶由己糖激酶逐渐变成丙酮酸激酶，主要通过丙酮酸激酶参与糖酵解来供能，因此通过 HK 的活性逐渐降低（戴超等，2014）。

实验中，随着盐度的变化 SDH 的活性呈现 W 形变化趋势，即在盐度为 25 时，其酶的活性最高，在盐度从 15 到 20 和从 25 到 30 时，随着盐度的升高，其酶的活性呈现降低趋势，但是在 20 到 25 和 30 到 35 时，随着盐度的升高，酶的活性呈现升高趋势，由于 SDH 可以反映有氧代谢的水平，所以可以反映出在盐度 25 时，其有氧代谢水平最高，而在向靠近等渗点的环境中变化时，其有氧呼吸代谢水平逐渐呈现上升的趋势，提高了镜蛤适应自然的能力，保证了其良好的生长与繁殖（郭彪等，2008）。

LDH 与细胞代谢活动密切相关，其活力是衡量无氧代谢水平的指标之一，在本实验中，LDH 的活力变化类似于 SDH，随着内外渗透梯度的增大（路允良等，2012b），其酶的活力先降低后升高达到最大值再降低趋于平稳，在盐度为 25 时，LDH 的活性达到了最高值，说明此时机体内无氧代谢最旺盛，在盐度从 15 到 20 的升高过程中，随着渗透压的不断增大，蛤蜊 LDH 活力逐渐下降，无氧代谢受到一定程度的阻碍，使得进入 TCA 循环的丙酮酸含量增加，TCA 循环加速，从而为机体提供更多的能量以适应环境的变化，SDH 的变化趋势也印证了这一点。结合 LDH 与 SDH 的变化趋势可以推测，在靠近等渗点的条件下，有氧呼吸占主要部分，无氧呼吸只是起辅助作用，这种机制可以为机体提供更多的能量以适应环境的变化（Partridge and Jenkins，2002）。

日本镜蛤数量性状、营养成分及幼体生态学研究

6.1 日本镜蛤研究进展

6.1.1 概述

日本镜蛤（*Dosinia japonica* Reeve）属软体动物门，瓣鳃纲，帘蛤目，帘蛤科，镜蛤亚科，镜蛤属。其肉味鲜美，贝壳还可入药，具有软坚散结、清热解毒的功效（赵汝翼等，1980）。该种在俄罗斯远东、日本北海道南部、朝鲜及我国东部沿海地区均有分布。栖息于潮间带至潮下带，埋栖深度 10 cm 左右。虽然，日本镜蛤分布广泛，然而天然数量并不多。加之近年来对海产滩涂贝类的过度开发和东部沿海地区的环境污染，日本镜蛤的天然资源已经受到了严重的破坏（孙虎山和黄清荣，1993）。为了保护日本镜蛤的物种资源，开发其经济价值，对其开展人工增养殖十分必要。然而，目前国内关于日本镜蛤生物学、营养价值及人工养殖方面的研究甚少，孙虎山等（1993）对日本镜蛤的性腺周年发育及其生殖周期规律进行了研究；刘琦等（1996）对日本镜蛤进行了生药学研究；张伟杰等（2013）进行日本镜蛤壳尺寸与重量性状的相关性研究与回归分析。为此，本章研究日本镜蛤的壳形态与数量性状、质量性状之间的关系，对其进行营养成分分析，同时研究 pH、温度、盐度、养殖密度对其浮游幼虫生长发育的影响，以期为完善日本镜蛤的生物学特性、揭示日本镜蛤的营养价值以及苗种规模化培育过程中养殖水质的合理调控提供理论依据。

6.1.2 物种鉴定方法

近年来随着生物技术不断发展，物种鉴定方法也随之不断更新（赵凯，2000；张细权等，1997）。经历了传统分类（古典分类）、细胞学、生物化学、免疫学、分子生物学五个水平阶段。

①传统分类（古典分类）法。依靠形态上差别来进行分类。形态鉴别简单

直观，但有 3 个缺陷可能会导致无法鉴定或不正确鉴定：1）隐存分类单元无法鉴定；2）生物性别和发育阶段限制了鉴定；3）随生存环境变化产生的表型变化和遗传变异致使不正确鉴定。现在形态分类学专家越来越少，使分类学发展面临巨大挑战，需要一种快捷、方便的物种鉴定方法出现（Hebert et al.，2003a；Hebert et al.，2003b）。

②细胞分类法。指根据染色体数目或者形态等一些特征进行分类。

③生化分析法。指以动物体内的某些生化性状作为遗传标记，通过对血浆和血细胞中可溶性蛋白和同工酶中氨基酸变化的检测，为动物种内遗传变异和种间亲缘关系提供有用信息。

④免疫学法。是以动物的免疫学特征（主要包括红细胞抗原、白细胞抗原、胸腺细胞抗等）为遗传标记，进行种间、个体间、抗病力强弱的差异及亲子关系等研究。

⑤分子标记法。指通过一定方法检测出物种个体间或种群间遗传基因（DNA 或者 RNA）片段上的差异，从而达到鉴别目的。

6.1.3 贝类数量性状研究进展及分析方法

壳形态具有多态性，由遗传信息和生存环境等因素控制，并且与个体发育时期、营养状况、自身生活方式及生理适应性等息息相关（Gosling，2003；Ohba，1959；Seed，1968；Rosenberg，1972；Lucas，1981；Eagar et al.，1984）。在海水贝类养殖生产和研究中，贝类的壳形、重量等生物学性状是极其重要的经济性状，是海水贝类种苗繁育和育种的重要指标（Kvingedal et al.，2010；Wang et al.，2011）。在贝类养殖生产中，软体重是主要的经济性状，软体重越大，其经济价值越高；反之，则越低。贝类的生物学性状，有些容易观测，如壳尺寸、重量、壳体体积等，有些不易观测，如软体重、闭壳肌重等需要解剖后才能测定，并且其决定因素并不只取决于壳形，还有其他因素作用，如年龄、壳腔体积等。

近几年有关贝类数量性状的研究主要有：TORO 等（1990，1996）关于欧洲牡蛎（*Ostrea edulis*）生长速度和智利牡蛎（*Ostrea chilensis*）壳形及其体重的研究，肖述等（2011）关于香港巨牡蛎（*Crassostrea hongkongensis*）雌雄数量性状的研究，林清等（2014）关于太平洋牡蛎（*Crassostrea gigas*）和葡萄牙牡蛎躯体数量形状的研究，孙泽伟等（2010）关于近江牡蛎（*Crassostrea rivularis*）数量形状的研究，张存善、常亚青等（2009，2008，2011）关于虾夷扇贝（*Patinopecten yessoensis*）壳形和软体重、闭壳肌等的研究，霍忠明和刘辉等（2010，2015）关于菲律宾蛤仔（*Ruditapes philippinarum*）壳形态和橙色品系壳形、质量性状的研究，郭文学和闫喜武等（2012，2011）关于四角蛤蜊（*Mactra veneriformis*）壳形与重量性状的研究，郭文学等（2013）关于中国蛤蜊（*Mactra chinensis*）壳形与体重的研究，高玮玮等（2009）关于青蛤（*Cyclina sinensis*）壳形与软体重的关系的研究，宋坚等（2010）关于硬壳蛤（*Mercenaria mercenaria*）壳形与活体重的研究，黎筠等（2008）关于紫石房蛤（*Saxidomus purpuratus*）壳形与活体重的研究等等。目前大多数学者主要是通过通径分析和多元回归分析，研究贝类生物学性状之间的关系，给予贝类养殖生产中一定的科学指导。

张伟杰等（2013）报道了日本镜蛤大连群体的壳尺寸与重量性状的相关与回归分析的研究结果。贝类数量性状受环境因素影响很大。日本镜蛤朝鲜群体的数量性状研究未见报道。研究日本镜蛤朝鲜群体的数量形状可为日本镜蛤的苗种繁育和新品种培育提供参考。

6.1.4　海水贝类营养成分分析

中国大陆东南部濒临五大海区：渤海、黄海、东海、南海及台湾以东太平洋海域。其中，前四海区面积达 472.7 万 km^2。我国近海大陆架包括渤海、黄海、东海大部和南海的一部分，它是我国陆地领土的自然延伸部分，进而说明中国具有丰富的海洋资源，是人们食物的主要来源之一。特别是沿海地区中产量巨大的贝类（特别是滩涂贝类产量巨大），具有丰富的营养成分。贝类脂肪含量低但不饱和脂肪酸含量相对较高，符合当前人们对于健康饮食的需求。而且，贝类因口感细嫩且易消化、便于加工成调味汁、罐头等多种产品的优点，从而被越来越多的消费者所接受（Murchie et al.，2005）。同时，大多数贝类价格低廉，适合于大众消费。国内关于海水贝类营养的研究主要针对南方部分地区贝类，而对于北方沿海地区常见的贝类的研究报道却很少。

贝类滋味成分的含量和阈值在呈味中起重要作用。不同种类的贝类的滋味活性成分的构成和含量均有一定的差异，而同一种贝类在不同季节或不同地域滋味成分的构成比例也有一定的差异。所以水产调味料呈现什么样的味道，是由这一水产品中呈味物质的阈值、含量、比例及其相互作用来决定的。贝类中含有丰富的人体必需的多种氨基酸和牛磺酸（Malcolm and Bourne，1979），高含量的氨基酸对复合调味料的开发具有重要意义。而且贝类也含有大量脂肪酸。脂肪酸在贝类的生长发育、繁殖和胚胎发育等生理过程和免疫反应、寒冷的适应性等代谢免疫过程中都起着关键的作用（元冬娟等，2009）。近几年来，随着人们生活水平的不断提高，人们对调味料的要求正不断向复合的天然风味、营养和功能型方向发展，所以研究各种海产贝类的呈味特点及呈味物质的比较分析对调味料的开发至关重要。为此，本试验对日本镜蛤的营养成分进行研究和分析，以供贝类产品深加工和综合利用提供参考。

6.1.5 环境胁迫对水生生物的影响

6.1.5.1 pH 对水生生物的影响

pH 是养殖水环境重要指标之一（彭静等，2006），它可以通过其他水环境因子间接作用于养殖水体的水生生物，过低或过高的 pH 会影响养殖水域中水生生物的生长、摄食、繁育及生理代谢。而且近些年来养殖水体水质污染越来越严重，使养殖水体中 pH 急剧改变，影响水中胶体的带电状态，释放和吸附养殖水体中的一些离子，进而影响养殖水体中有效成分的含量，从而对养殖水体中鱼类和其他水生生物产生毒性（王武，2000）。

不同种的水生生物、同种水生生物不同发育阶段对 pH 的耐受范围不同，且随受试时间的延长耐受性也发生变化。频繁的 pH 波动影响水生生物生长和存活，影响血液酸碱平衡，改变水生生物生理机能，降低溶解氧与血红蛋白的亲和力，血液载氧能力下降，造成生理缺氧症，使得生长缓慢或患病（张金宗和陈瑞平，2004）。

吴萍等（2001）在关于黄颡鱼（*Pelteobagrus fulvidraco*）生存和生长的研究中表明，pH 5.2~7.6 范围内生长和 pH 密切相关，黄颡鱼最适生长 pH 在 7.0~7.6。杨代勤等（2001）研究了 pH 对黄鳝（*Monopterus albus*）生存和生长的影响，表明黄鳝最适生长 pH 在 6.5~7.5，pH 从 6.0 提高到 7.0 时，其生长率逐步提高，pH 从 7.0 提高到 8.0 时，其生长率反而下降，尤其从 7.5 上升至 8.0 时，生长率呈负增长。蔡娟（2016）研究了 pH 对青蛤胚胎发育、幼虫生长的影响，表明 pH 对青蛤胚胎发育、幼虫的生长有一定影响（变态率、成活率、畸形率、生长状况等）。杨凤等（2003）研究了 pH 对皱纹盘鲍（*Haliotis discus hannai*）的生长的影响，研究发现 pH 波动频繁影响皱纹盘鲍的增重率；C. Duarte 等（2014）关于贻贝（*Mytilidae*）的研究表明，pH 对贻贝幼体的生长、发育、能量代谢等功能有一定的影响；Sun 等（2016）研究了两种酸化方式对贻贝生理的影响，表明 pH 对贻贝的生长状况、钙化率、碳酸酐酶活性等有一定的影响。方军等（2008）关于 pH 和氨氮对毛蚶（*Scapharca subcrenata*）稚贝生长与存活影响的初步研究试验结果表明，毛蚶稚贝最适 pH 范围为 7.5~8.5，且 pH 为 8.0 时生长及存活最好。桑土田等（2011）研究了 pH 对菲律宾蛤仔稚贝生长的影响，表明温度、盐度、pH 及其交互作用对菲律宾蛤仔稚贝生长的都有一定的影响。还有较多的文献从生理上表明 pH 能够通过影响其他相关的水质指标进而影响水生生物。高 pH 会腐蚀水生生物的鳃组织，增大非离子氨的毒性，使毒害能力增强。蔡娟（2016）关于 pH 对青蛤相关酶活性的研究中试验结果也指出，低 pH 下超氧化物歧化酶和碳酸酐酶活性随着时间的推移都有一个快速上升和快速下降的过程，说明低 pH 会对青蛤超氧化物歧化酶和碳酸酐酶活性产生较大影响。

6.1.5.2　盐度、温度对贝类的影响

盐度和温度是对自然海域和人工育苗的海水贝类影响明显的环境因子，也是目前国内外研究最多的环境条件。王涛等（2017）不同盐度和温度对熊本牡蛎（*Crassostrea sikamea*）稚贝生长与存活的影响试验结果表明，熊本牡蛎稚贝的适宜生长温度为 24～28 ℃，适宜存活温度为 20～28 ℃，熊本牡蛎稚贝对低盐高温有较强的适应能力。谭杰等（2016）关于温度和盐度对大珠母贝（*Pinctada maxima*）稚贝存活和生长的互作效应试验采用中心复合设计法和响应曲面分析法，结果表明，温度和盐度 2 个因素对大珠母贝稚贝存活和生长的互作效应都有显著的影响。范超（2016）关于盐度和温度对菲律宾蛤仔生长和存活的影响研究试验中结果表明，盐度和温度对不同壳色的菲律宾蛤仔的存活率、壳长和壳高都有明显的影响。除此之外，还有专家在温度和盐度胁迫中对加州扁鸟蛤（*Clinocardium californiense*）（聂鸿涛等，2018）、文蛤（曹伏君等，2009）、皱纹盘鲍（孔宁，2016；姜娓娓，2017）、青蛤（王丹丽等，2005）、皱肋文蛤（*Meretrix lyrata*）（栗志民等，2010）、扇贝（姜娓娓，2017；He and Zhang，1998；曹善茂等，2017；Hao et al.，2014）等海水贝类存活和生长做了大量相关性研究。这些研究对于海水贝类的人工繁育和新品种的筛选具有重要的参考价值。

6.1.5.3　其他因子对贝类的影响

海水贝类培育过程中，饵料密度和种类、苗种密度、附着基种类（Walne，1965）、底质种类（余友茂，1986；Schmidlin and Baur，2007；周珊珊等，2015）、底质颗粒大小、干露时间长短（于瑞海等，2006；刘超等，2015；杨凤等，2012）和大蒜投喂量（曾虹等，1996；杜爱芳，1997；杨凤等，2010；张梁，2003；郭文学，2012）等都对苗种的发育有一定的影响。例如，养殖密度过高会引起贝类存活率降低、畸形率增大、变态率降低和生长发育时间增长甚至生长停止。陈爱华等（2008）研究了养殖密度对大竹蛏稚贝的影响，表明随着养殖密度增大，大竹蛏稚贝的生长速度减慢，存活率也逐渐降低。梁飞龙等（2017）关于养殖密度对大珠母贝受精卵和幼贝影响的研究结果中表明，大珠母贝受精卵培育密度对孵化率存在显著影响，对幼虫大小影响不显著，培育密度对 D 形幼虫与壳顶幼虫的生长率和成活率均存在显著影响，生长率与成活率随着密度增加而降低。不同的贝类幼虫有着不同的适宜养殖密度，因此，培育密度对贝类的养成具有重要的

意义。

6.2 日本镜蛤的物种鉴定

帘蛤科（Veneridae）在古典分类上隶属于软体动物门，瓣鳃纲，帘蛤目，为双壳贝类中最大的一个科，包含超过 500 种，广泛分布于世界各海域，是潮间带区系的优势种类，具有重要的商业价值（Canapa et al.，2003；庄启谦，2001）。帘蛤科种类多，形态变异大，过去主要依靠比较形态学进行分类，致使不同的世界各国学者对其分类系统安排、演化等问题的观点不尽相同（Canapa et al.，2003；庄启谦，2001；Kim et al.，2004）。近几年分子生物学技术的快速发展，为探究贝类分类及其演变等相关的问题提供了一种新的方法。常用的分子系统发生研究中，基于 CO1、16S rRNA 等的序列是最为常用的测序标记。其中 16S rRNA 基因比较保守，进化速率较低，而 CO1 基因则变异较大。在软体动物中，目前已得到几种贝类的 mtDNA 全序列，全长为 14～18 kb（Maynard et al.，2005；Milbury and Gaffney，2005；Passamonti et al.，2003）。近几年来，越来越多的物种基因测序鉴定方法用于贝类种质的鉴定、系统发生分析、种群的遗传结构分析等领域。

日本镜蛤与薄片镜蛤外观形态相近，采用古典分类法不能准确区分日本镜蛤与薄片镜蛤。所以本试验在古典分类法基础上，采用通用引物、特异引物 PCR 扩增 DNA 的 16S rRNA、ITS1、CO1 序列并测序分析，以确定贝类的物种。

6.2.1 材料和方法

6.2.1.1 材料

试验材料于 2017 年 7 月 3 日购买于吉林延边，种贝为朝鲜群体，取样 150 只。

6.2.1.2 样品收集和 DNA 提取

试验材料取 10 个样本个体，所有的试验材料均保存于 95％酒精中。方法是取试验材料斧足约 50 mg，提取总 DNA 并溶于 Tris-EDTA 缓冲液中，放入 −20 ℃保存备用。

6.2.1.3 PCR 扩增及其产物测序

①16S DNA。目的片段扩增参照 Anderson（2000）设计兼并引物，序列为：16S-F5′→CGCCTGTTTAHYAAAAACAT、16S-R5′→CCGGTCTGAACTCAGMTCAYG。PCR 产物用 1％琼脂糖凝胶电泳进行检测。将 PCR 产物进行单向测序检测。

②CO1。使用无脊椎动物通用引物：CO1-F5′→GGTCAACAAATCATA

AAGATATTGG 和 CO1-R5′→ TAAACTTCAGGGTGACCAAAAAAATCA
(Folmer et al.，1994)。PCR 扩增了线粒体 CO1 序列的 3′端长度 709 bp 的片
段。PCR 产物用 1‰琼脂糖凝胶电泳进行检测。挑选较为好的 PCR 产物进行
单向测序检测。

③ITS 1。使用无脊椎动物通用 ITS 1 引物 ITS 1-F5′→GTTTCCGTAGG
TGAACCTGC 和 ITS 1-R5′→ACACGAGCCGAGTGATCCACPCR 扩增了线
粒体 CO1 序列的 3′端长度 709 bp 的片段。PCR 反应在 Eppendorf 热循环仪上
进行，反应条件为：94 ℃预变性 4 min；然后进行 35 个循环（每个循环包括
94 ℃变性 40 s；52 ℃退火 30 s，72 ℃延伸 60 s）；最后 72 ℃充分延伸 7 min。
PCR 产物用 1‰琼脂糖凝胶电泳进行检测。挑选较为好的 PCR 产物进行单向
测序检测。

6.2.2　序列比对

将得到的 DNA 序列输入 BLAST 页面（https：//blast. ncbi. nlm. nih. gov/
Blast. cgi）进行物种对比，利用 MEGA5 进化树构建方法得到相应的结果。

6.2.3　结果

6.2.3.1　传统分类法（形态学鉴定）

日本镜蛤外壳近圆形，壳扁平（与薄片镜蛤相似），壳质坚厚，壳长略大
于壳高（图 6-1），壳较小。4～6 龄壳形数值：壳长（62.28±4.21）mm，壳
高（58.70±4.01）mm，壳宽（29.46±2.23）mm。壳顶略尖（图 6-2），向
前弯曲，小月面呈心形略向内凹（图 6-3），盾面呈舟形（图 6-4），贝壳前缘
略凹入，且较钝，后端略呈截形，腹面呈圆形且光滑、略向外突出，贝壳表面
呈白色或者略呈淡黄色，无放射肋。生长线呈同心状且轮脉极其明显，生长线
之间形成浅的沟纹。贝壳内面呈白色或者淡黄色，微具光泽且绞合部宽。右壳
有主齿 3 个，前两端的较小，呈"八"字形排列（图 6-5），且与贝壳腹缘垂
直，后端的一个较长，斜向后方，末端分裂，左壳主齿 3 个，前主齿为一个耸
立的薄片，中主齿粗壮，后主齿长，在前主齿前方有一椭圆形的前侧齿，断面
厚 1～3mm，断面平坦（刘琦等，1996）。

6.2.3.2　分子标记鉴定

①CO1 试验结果。所有测序个体 CO1 片段长度均为 668 bp，A＋T 含量
平均为 65.72%，C＋G 含量为 34.28%，93%为日本镜蛤，93%为薄片镜蛤。

②16S RNA 试验结果。16S RNA 试验结果为：所有测序个体 16S RNA
片段长度均为 478 bp，A ＋T 含量平均为 67.36%，C＋G 含量为 32.64%，

图 6-1　日本镜蛤左壳侧面观

图 6-2　日本镜蛤腹面观

图 6-3　日本镜蛤小月面

图 6-4　日本镜蛤盾面

图 6-5　日本镜蛤左壳内缘

90％为日本镜蛤。

　　③ITS 1 试验结果。所有测序个体 ITS 1 片段长度均为 547 bp，A＋T 含量平均为 42.23％，C＋G 含量为 57.77％，99％为日本镜蛤。

6.2.4　讨论

　　从形态学鉴定到分子标记鉴定花费时间较短，形态学鉴定只是能从表观形态上鉴定物种的种类，无法明确地确定某些表观相似的物种，而分子标记鉴定能够从基因方面明确确定其物种种类。应用分子标记鉴定技术鉴定物种耗时短、效率高、准确率高、花费较小（孙丁昕，2017）。

  本试验研究中，首先使用形态学鉴别方法，通过表观上的分析，只是初步鉴定其为日本镜蛤，其具体是不是日本镜蛤还需进一步分析、鉴定。

  分子标记鉴定中的线粒体 DNA（mtDNA）具有母性遗传，进化速度快，高拷贝，以碱基替换（颠换、转换）为主，缺失、插入及重排较少，群体内中变异大，无组织特异性的特点。mtDNA 测序分析利用 PCR 技术和 DNA 测序法，分析 mtDNA 多态区域。mtDNA 测序方法是目前物种鉴定最为有效的方法之一。这种鉴定方法需要一个包含尽可能多的动、植物物种数据的 mtDNA 基因文库来进行比对，以达到鉴定目的（任轶等，2015）。很多研究表明，相比于 CO1，16S rRNA 在物种鉴定中的应用并没有相应的标准。由于 16S rRNA 序列具有较高的保守性，导致其缺乏足够的序列变异来对相关物种进行有效的区分和鉴定，但 2 个序列都能提供有效系统发育信息（An et al.，2005）。而对头足纲的研究表明：CO1 适合种间水平的分类关系分析，而 16S rDNA 则适合更高阶元的研究（Lin et al.，2004）。本试验采用 16S rDNA 基因对其物种进行鉴定，试验结果表明日本镜蛤基因相似度只有 90%。但是有相关文献（Cawthorn et al.，2011）表明：由于 16S rRNA 序列在种内和属内种间遗传变异均比较小，而且 16S rRNA 序列中普遍存在重叠的现象，一些亲缘关系近的物种甚至会出现序列共享的现象，因此，16S rRNA 序列不适于区分与鉴别一些近缘物种。然而，在鉴别另一些动物类群过程中，16S rRNA 序列却被证明在属水平上有相对较高的变异水平和较好的分辨能力。

  本研究采用无脊椎动物通用 CO1 引物作为鉴别物种的一种引物，对日本镜蛤 CO1 基因片段进行了 PCR 扩增，扩增片段长度均为 965 bp（含引物）。镜蛤亚科形态特征的差异度小，鉴定其物种较困难。关于薄片镜蛤与 *D. angulosa* 的关系，Habe 等（1977）定义为 2 个种，但 Kuroda 等（1981）随后又将 *D. angulosa* 合并到 *D. corrugate* 作为同种异名。基于 CO1 序列的分析表明薄片镜蛤与日本镜蛤基因相似度为 93%，无法用 CO1 序列分析方法来确定其物种。

  由于本试验采用 CO1 序列分析方法都没能够明确鉴定出物种的种类，随后又采取 16S rDNA 和 ITS 1 引物的方法进行检测。从试验结果可以得出，这物种是日本镜蛤（基因与日本镜蛤相似度达到 90% 和 99%）。

  随着分子标记鉴定的发展打破古典分类方法（形态学鉴定）的局限性（方法粗略、使用范围受限而且准确率不高）的缺点。分子标记鉴定通过 DNA 片段的扩增和测定基因组中的特定序列（Cywinska et al.，2003），检测出物种个体之间或种群之间遗传基因（DNA 或者 RNA）片段上的差异来鉴定其物种。与传统的鉴定方法（古典分类、细胞学、生物化学、免疫学等方法）相比，分子标记鉴定技术具有十分明显优点：①对试验样品要求低，只需要 0.1g 样品甚至痕量样品即可，对试验样品组织、器官的特异性和完整性没有特别要求，甚至粪便、尿液、毛发等体表、体内样品和深加工之后的食物都可以用分子标记鉴定技术对其进行准确鉴定。②分子标记鉴定技术方法快捷，耗时短，对试验仪器的要求较低，非分类学学者也可以很快掌握其方法。③分子标记鉴定技术准确性高，由于每种生物 DNA 序列具有特异性和稳定性，不会随着发育阶段的不同或者地理环境变化发生较大改变，因此也不会出现古典分类（传统形态学）时因趋同或者地理环境改变而产生的表观上的差异而引起的物种鉴定错误。④分子标记鉴定技术也能有效鉴定古典分类（传统形态学）难以区分的个体很小或者形态相似或者近缘的生物，例如微生物等共生和寄生生物（Cywinska et al.，2003；Johnson et al.，2008）。目前已经针对很多生物类群开发出许多优秀的条形码，并广泛应用于物种鉴定。因此，对于物种鉴定或者亲缘关系密切的物种，选择分子标记鉴定方法是较为有效、高效、准确的方法。

6.3　日本镜蛤朝鲜群体的数量性状的相关性及通径分析

在我国，日本镜蛤广泛分布于东部沿海地区，但数量却很少，且壳形态接近于圆形，壳厚且扁平（刘琦等，1996），与薄片镜蛤相似，壳形态这一特征可能与地理环境、遗传以及生理特性等有关。壳形态作为一种重要贝类的数量性状，它与贝类存活状况、生长繁殖、经济价值、美观形态等紧密联系，而且美丽、漂亮的壳形也会给人类带来感官上的享受。因此分析壳形变化与生长的关联性，筛选出与经济性状密切相关的壳形一直备受育种工作者们关注。国内外关于滩涂贝类壳形的研究主要有：张伟杰等（2013）关于庄河野生日本镜蛤壳尺寸与重量性状的相关性和回归分析，表明各性状之间具有显著的表型相关，壳高、壳宽直接影响体重和壳重，壳重直接影响软体重等；张跃环（2008）、Nathalie（2012）和牛泓博等（2015）关于菲律宾蛤仔形态学、不同地理群体、壳形等研究中表明，壳宽与壳长比值、放射肋数目将菲律宾蛤仔大连群体划分为两种壳形，发现两种壳形的菲律宾蛤仔在生长速率与存活率上有显著差异，并认为壳形能够稳定遗传，营口与其他辽宁省的菲律宾蛤仔差异较大，而且壳形与养殖密度、疾病等有关；宋坚等（2010）关于硬壳蛤研究中指出每个壳形态性状（不同规格、年龄）对活重有一定的影响效果；李莉等（2015）在关于不同贝龄毛蚶研究中指出，不同贝龄壳形态性状对体重有不同的影响且影响系数不同；蒋涛涛等（2013）在关于同一贝龄泥蚶（*Tegillarca granosa*）研究中指出壳形态各个指标对其活体重、软体重有不同的影响且相关指数不同。

关于日本镜蛤数量形状的系统研究只有张伟杰等（2013）关于庄河野生日本镜蛤壳尺寸与重量性状的相关性和回归分析。然而，近些年随着环境不断受到破坏，我国近海岸日本镜蛤数量急剧下降，如今我国野生日本镜蛤在市场上已经极少见到。因此本文通过多变量形态测量学方法、多元统计分析方法和通径分析探讨日本镜蛤朝鲜群体壳形之间的关联特点，旨在为日本镜蛤的分类与辨别、种质资源保护及遗传育种工作提供一定的科学依据。

6.3.1　材料与方法

6.3.1.1　材料

试验材料于2017年7月3日购买于吉林延边，日本镜蛤种贝为朝鲜野生群体，取样100只。

6.3.1.2　测量指标和方法

体积测量方法：用已知底面积的透明的标有刻度的长方体容器，利用排水法进行测量，刻度精确到0.1 mm。其中，壳腔体积＝总体积－壳体积。

使用电子游标卡尺测量壳长（L）、壳高（H）与壳宽（W），精确至0.01 mm；解剖后，用纱布吸干表面水分，用电子天平称量体总重（AW，单位：g）、软体重（RSW，单位：g）、壳重（SW，单位：g）、前闭壳肌重（$ACSW$，单位：g）、后闭壳肌重（$PCMW$，单位：g），精确到0.01 g；使用Syntek数显邵氏硬度计测量硬度（VH，单位：HD），精确到0.1HD；使用数显百分千分测厚仪测定其壳顶前缘部分厚度 T，精确到0.01 mm；在白色背景板下，对日本镜蛤左壳的侧面与腹面分别进行拍照，以获得最大贝壳轮廓，使用Photoshop CS4软件测量左壳侧面的二维投影面积（AL）与周长（CP）、左壳腹面二维投影面积（AV）与周长，（$LVent$），面积精确至0.01mm^2，长度精确至0.01mm。为了消除日本镜蛤尺寸大小对形态形状的影响，根据相关的文献，将测量的尺寸参数进行不同组合得到7个壳形指标（表6-1）。

表 6-1　日本镜蛤壳形指标和计算公式

壳形指标	计算公式
容量指数 Compacity index（CPI）	$CPI = W / L$
延长指数 Elongation index（EI）	$EI = H / L$
凸度指数 Convexity index（CVI）	$CVI = W / H$
侧面观圆形指数 Circle index lateral view（CIL）	$CIL = AL / (0.25 \times L^2 \times \pi)$
腹面观圆形指数 Circle index ventral view（CIV）	$CIV = 2 \times AV / (0.25 \times LVent^2 \times \pi)$
侧面观椭圆指数 Ellipse index lateral view（EIL）	$EIL = AL / (0.125 \times L^2 \times \pi)$
腹面观椭圆指数 Ellipse index ventral view（EIV）	$EIV = 2 \times AV / (0.125 \times LVent^2 \times \pi)$

注：CIL表示左壳侧面的二维投影面积与以壳长 L 为直径的圆形面积之比；CIV表示2倍的左壳腹面二维投影面积与以腹面二维投影周长 $LVent$ 为直径的圆形面积之比；EIL表示左壳侧面的二维投影面积与以壳长 L 和0.5倍壳长 L 为长轴和短轴的椭圆面积之比；腹面观椭圆指数EIV表示2倍的左壳腹面二维投影面积与以 $LVent$ 和0.5倍 $LVent$ 为长轴和短轴的椭圆面积之比（Nathalie et al.，2012）。

6.3.1.3　计算方法

变异系数＝样本标准偏差/样本平均值×100％

各性状之间的相关系数 r_{xy} 计算公式为：

$$r_{xy} = \frac{\sum\limits_{i=1}^{n}(x_i - \bar{x})(y_i - \bar{y})}{\sqrt{\sum\limits_{i=1}^{n}(x_i - \bar{x})(y_i - \bar{y})^2}}$$

直接通径系数 P_{yx_i} 计算公式：

$$P_{yx_i} = b_i \sigma_{x_i} / \sigma_y$$

间接通径系数等于相关系数（r_{ij}）与通径系数（P_{jy}）之积。计算公式如下：

$$P_{x_i \cdot xy} = r_{ij} P_{j \cdot y} \quad (i \neq j)$$

决定系数（determination coefficient）是表示原因变量对结果变量的相对决定程度的系数，通常用字母 d 表示，由通径系数的平方算得，因此也有直接决定系数和间接决定系数之分。其计算公式分别是：

总的决定系数：$R = r_{ij}^2$

直接决定系数：$d_i = P_{iy}^2$

间接决定系数：$d_{ij} = 2r_{ij} P_{iy} P_{jy}$

体重（Y）的回归方程采用的线性模型：

$$Y = b_0 + b_1 x_1 + b_2 x_2 + \cdots + b_i x_i$$

式中，Y 为因变量；b_0 是常数项；b_i 是自变量；x_i 是对因变量的偏回归系数。

6.3.2　数据分析

根据表 6-1 中的公式，用 EXCEL 软件计算出每一指标，并对数据进行初步整理。用 SPSS24.0 统计软件进行统计分析，获得各项表型参数估计之后，分别进行表型相关分析、形态性状各指标对数量性状和体积的通径分析和决定系数的计算，剖析各性状对体重、体积的直接影响和间接影响。通过多元分析剔除偏回归系数不显著的性状，利用偏回归系数显著的形态性状对体重、体积建立多元回归方程，并对方程进行拟合度检验。采用单因素方差分析及 Tukey-HSD 多重比较、多元分析方法对日本镜蛤朝鲜群体的壳形进行比较分析。

6.3.3　结果与分析

6.3.3.1　数量性状统计参数的分析

3～6 龄的朝鲜野生日本镜蛤各数量性状表型参数统计结果的变异系数见

表 6-2。3 龄中壳宽、壳腔体积（SCV）、后闭壳肌重、左壳侧面二维投影面积、左壳侧面二维投影周长的变异系数分别为：0.08、0.13、0.16、0.12 和 0.07，较其他龄的变异系数要大。4 龄壳重、壳腔体积和硬度（VH）的变异系数分别为 0.17、0.13 和 0.17。5 龄中总重、总体积（IV）、壳体积、壳腔体积、前闭壳肌重和左壳腹面二维投影面积对比其他三组变异系数要大，分别为：0.11、0.12、0.17、0.13、0.18 和 0.14。6 龄中壳长、总重、软体重、壳体积、厚度（T）、左壳腹面二维投影周长变异系数均高于其他三组。各个贝龄最大变异系数是后闭壳肌重，其次是壳体积，最小是壳高。相对于日本镜蛤形态性状，其数量性状变异系数较大。变异系数是人工选育新品种的参考依据，变异系数越大时选择的亲本潜力也越大，可见日本镜蛤的质量性状较形态性状有较大的选择潜力。

表 6-2　3～6 龄日本镜蛤 17 个数量性状的表型参数

表型参数	3 龄		4 龄		5 龄		6 龄	
	平均值±标准差	变异系数（%）	平均值±标准差	变异系数（%）	平均值±标准差	变异系数（%）	平均值±标准差	变异系数（%）
L (mm)	55.40± 2.47	0.04	60.11± 2.30	0.04	63.75± 1.97	0.03	70.01± 3.23	0.05
H (mm)	52.34± 2.23	0.04	56.69± 2.31	0.04	60.11± 2.35	0.04	65.73± 2.61	0.04
W (mm)	26.60± 2.06	0.08	28.55± 1.62	0.06	30.03± 1.64	0.05	32.80± 1.89	0.06
AW (g)	40.90± 2.90	0.07	56.11± 5.55	0.10	71.96± 8.12	0.11	84.88± 0.11	0.11
RSW (g)	6.62± 0.94	0.14	10.04± 0.96	0.10	11.82± 1.34	0.11	13.46± 2.00	0.15
SW (g)	26.95± 3.42	0.13	34.06± 5.66	0.17	41.17± 6.01	0.15	54.38± 8.21	0.15
TV (mL)	39 027.86± 2 122.84	0.05	54 226.20± 3 922.40	0.07	68 822.42± 8 109.89	0.12	78 646.86± 8 163.35	0.10
WV (mL)	11 017.20± 938.59	0.09	14 036.98± 1 721.43	0.12	19 359.23± 3 311.63	0.17	22 598.54± 3 915.61	0.17
SCV (mL)	29 786.97± 3 974.61	0.13	37 103.67± 4 895.52	0.13	44 818.52± 5 975.67	0.13	58 669.91± 6 169.53	0.11
VH (HD)	87.54± 5.40	0.06	87.60± 14.76	0.17	91.39± 13.79	0.15	92.13± 6.35	0.07
ACSW (g)	0.27± 0.004 7	0.02	0.44± 0.059	0.13	0.61± 0.11	0.18	0.79± 0.10	0.13

（续）

表型参数	3 龄		4 龄		5 龄		6 龄	
	平均值±标准差	变异系数（%）	平均值±标准差	变异系数（%）	平均值±标准差	变异系数（%）	平均值±标准差	变异系数（%）
PCMW (g)	0.36±0.057	0.16	0.53±0.047	0.09	0.81±0.16	0.19	0.95±0.18	0.19
T（mm）	2.25±0.204	0.09	2.56±0.29	0.12	2.73±0.32	0.12	2.92±0.37	0.13
AL (mm²)	2 116.84±251.13	0.12	2 367.19±231.63	0.10	2 835.13±245.10	0.09	3 502.36±48.61	0.01
CP (mm)	177.46±11.56	0.07	187.72±8.68	0.05	205.78±9.87	0.05	233.53±9.416	0.04
AV (mm²)	469.62±49.62	0.11	585.25±71.30	0.12	677.19±93.05	0.14	713.45±16.33	0.02
LVent (mm)	121.18±8.26	0.07	135.00±5.83	0.04	147.02±10.07	0.07	152.68±16.33	0.11

6.3.3.2 日本镜蛤壳形指标分析

表 6-3 列出了日本镜蛤的 CPI、EI、CVI、CIL、CIV、EIL、EIV，这对研究日本镜蛤壳形、出肉率有重要指导意义。其中日本镜蛤容量指数与凸度指数分别为 0.472 9±0.020 3、0.501 8±0.019 7，说明日本镜蛤内的软体部占日本镜蛤总体积比例较少，出肉率少。日本镜蛤侧面观圆形指数与侧面观椭圆指数分别为 0.849 8±0.043 4 与 1.699 6±0.087，其数值接近 1，说明朝鲜野生日本镜蛤其壳形更接近圆形。

表 6-3　日本镜蛤的壳形指标

壳形指标	壳形指标数值
CPI	0.472 9±0.020 3
EI	0.942 5±0.021 8
CVI	0.501 8±0.019 7
CIL	0.849 8±0.043 4
CIV	0.080 6±0.005 9
EIL	1.699 6±0.087
EIV	0.161 2±0.011 7

6.3.3.3 主成分分析

结果见表 6-4。根据主成分分析特征值大于 1 准则，日本镜蛤壳形指标中的容量指数、延长指数、凸度指数均大于 1，三组贡献值占壳形指标的

91.429%。且容量指数特征根为2.451，贡献值为35.013%。从而说明容量指数、延长指数、凸度指数对日本镜蛤壳形形态有重要影响。

表6-4　日本镜蛤壳形指标主成分特征值与载荷

壳形指标	初始特征值			提取结果		
	特征根	方差（%）	贡献值（%）	特征根	方差（%）	贡献值（%）
CPI	2.451	35.013	35.013	2.451	35.013	35.013
EI	2.191	31.307	66.32	2.191	31.307	66.32
CVI	1.758	25.109	91.429	1.758	25.109	91.429
CIL	0.6	8.569	99.998			
CIV	0	0.002	100			
EIL	2.065E-15	2.95E-14	100			
EIV	4.843E-16	6.919E-15	100			

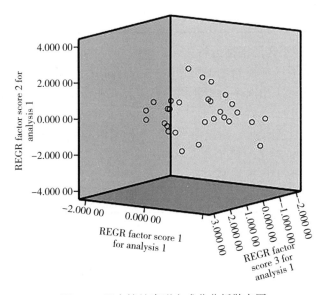

图6-6　日本镜蛤壳形主成分分析散点图

采用第一、二、三主成分（容量指数、延长指数、凸度指数）获得的数据绘制三维主成分散点图（图6-6），不同主成分壳形指标存在不同程度的重叠现象。第一主成分和第二主成分重叠区域相比第一和第三主成分较密集，且第二和第三成分较为分散，这说明日本镜蛤容量指数、延长指数、凸度指数这三组壳形指标能较为直接地影响其形态，其影响的程度不同。

6.3.3.4　各性状间的相关系数

日本镜蛤各性状间的表型相关系数见表6-5。各性状之间呈极显著差异

（$P<0.01$），说明对本试验中所选的日本镜蛤各性状进行相关性分析是具有实际意义的。从相关性强度来看，日本镜蛤各性状之间为高度相关（袁卫等，2000）。形态性状之间的相关系数中，壳高与壳长的相对系数最大，为 0.94，具有极显著的相关关系。体重与形态性状之间，壳重与总重的相对系数最高，为 0.988，具有极显著的相关关系。这种各性状之间的相关关系反映了各性状之间的直接和间接相关的总和。如果针对某些物种定向选择育种，还有必要对各性状之间相关关系作进一步分析。

表 6-5 日本镜蛤各性状之间的相关系数

		壳长	壳高	壳宽	总重	软体重	壳重	壳体积	壳腔体积	硬度	厚度	年龄
						相关性						
相关性	壳长	1	0.94**	0.867**	0.929**	0.842**	0.922**	0.813**	0.876**	0.675**	0.617**	0.931**
	壳高		1	0.928**	0.957**	0.843**	0.934**	0.836**	0.866**	0.684**	0.602**	0.865**
	壳宽			1	0.952**	0.883**	0.943**	0.836**	0.865**	0.657**	0.657**	0.812**
	总重				1	0.894**	0.988**	0.871**	0.914**	0.653**	0.686**	0.83**
	软体重					1	0.893**	0.757**	0.831**	0.638**	0.733**	0.76**
	壳重						1	0.897**	0.883**	0.608**	0.759**	0.831**
	壳体积							1	0.694**	0.474**	0.712**	0.716**
	壳腔体积								1	0.7**	0.514**	0.786**
	硬度									1	0.358**	0.671**
	厚度										1	0.521**
	年龄											1

注：**表示相关性极显著（$P<0.01$），下同 。

6.3.3.5 日本镜蛤壳尺寸、重量性状对体积的回归分析

自变量选择壳尺寸性状和体重，因变量为体积性状，利用 SPSS24.00 软件进行逐步回归分析，得到对因变量影响显著的各自变量的通径系数（表 6-6）。参照显著性检验结果，通径系数达到显著水平的性状被保留，不显著的性状被剔除。最终得到日本镜蛤数量性状对体积的最优回归方程如下：

$$TV = 14\ 560.834 + 971.921AW + 719.970L - 3\ 812.394T - 866.846H$$
$$R^2 = 0.948$$

$$SCV = 15\ 525.750 + 792.742AW - 6\ 644.151T + 329.163VH - 1\ 243.772H + 614.508L$$
$$R^2 = 0.891$$

$$WV = -655.290 + 633.254SW - 460.802RSW \qquad R^2 = 0.814$$

表 6-6　日本镜蛤体积形状的回归系数检验

因变量	自变量	回归系数	标准误差	t-统计量	P
TV	截距	14 560.834	12 031.701	1.21	0.229
	L	719.97	216.787	3.321	0.001
	AW	971.921	85.642	11.349	0
SCV	截距	15 525.75	13 117.479	1.184	0.24
	AW	792.742	89.111	8.896	0
	T	−6 644.151	1 401.15	−4.742	0
	VH	329.163	94.755	3.474	0.001
	H	−1 243.772	321.155	−3.873	0
	L	614.508	227.85	2.697	0.008
WV	截距	−655.29	1 078.739	−0.607	0.545
	SW	633.254	56.575	11.193	0
	RSW	−460.802	205.729	−2.24	0.027

如表 6-7 所示，日本镜蛤各方程回归关系均达到了极显著水平（$P<0.01$），所以以上回归方程成立，从而可以进一步进行通径分析。并且上述方程经回归预测，估计值与实际观测值差异不显著（$P>0.05$），说明上述方程可以真实客观地反映日本镜蛤表型性状、重量性状与体积的关系。

表 6-7　日本镜蛤表型性状、重量性状与体积多元回归方程的方差分析

项目	模型	平方和 SS	自由度 df	均方 MS	F 检测值	P 值
TV	回归	15 131 482 280	4	3 782 870 570	431.877	0.000
	残差	832 117 286.6	95	8 759 129.333		
	总计	15 963 599 570	99			
SCV	回归	7 309 288 889	5	1 461 857 778	154.163	0.000
	残差	891 361 217.8	94	9 482 566.146		
	总计	8 200 650 107	99			
WV	回归	1 675 581 238	2	837 790 619.2	211.584	0.000
	残差	384 082 005.4	97	3 959 608.303		
	总计	2 059 663 244	99			

6.3.3.6　日本镜蛤壳尺寸、体积对重量性状的回归分析

自变量选择壳尺寸性状和体积，因变量为体重，利用 SPSS24.00 软件进

行逐步回归分析，得到对因变量影响显著的各自变量的通径系数（表6-8）。参照显著性检验结果，通径系数达到显著水平的性状被保留，不显著的性状被剔除。最终得到日本镜蛤壳尺寸性状、体积对重量性状的最优回归方程如下：

$$AW = -74.049 + 0.000TV + 1.118H + 1.154W \qquad R^2 = 0.977$$

$$RSW = -9.271 + 0.398W + 2.056T + (7.964E-5)SCV$$
$$R^2 = 0.848$$

$$SW = -35.999 + 0.000TV + 5.270\ 7T + 0.313H + 0.816W - 0.149VH + 0.241L \qquad R^2 = 0.978$$

表6-8 日本镜蛤重量性状的回归系数检验

因变量	自变量	回归系数	标准误差	t-统计量	P
AW	截距	−74.049	6.233	−11.88	0.000
	TV	0	0	10.055	0.000
	H	1.118	0.169	6.633	0.000
	T	4.243	0.92	4.613	0.000
	W	1.154	0.318	3.622	0.000
RSW	截距	−9.271	1.638	−5.659	0.000
	W	0.398	0.092	4.334	0.000
	T	2.056	0.364	5.643	0.000
	SCV	7.96E−05	0	4.187	0.000
SW	截距	−35.999	4.29	−8.392	0.000
	TV	0	0	8.196	0.000
	T	5.27	0.523	10.077	0.000
	H	0.313	0.123	2.556	0.012
	W	0.816	0.186	4.388	0.000
	VH	−0.149	0.037	−4.006	0.000
	L	0.241	0.098	2.46	0.016

如表6-9所示，日本镜蛤各方程回归关系均达到了极显著水平（$P < 0.01$），所以以上回归方程成立，从而可以进一步进行通径分析。并且上述方程经回归预测，估计值与实际观测值差异不显著（$P > 0.05$），说明上述方程可以真实客观地反映日本镜蛤表型性状、体积性状与重量性状的关系。

表6-9 日本镜蛤表型性状、体积性状与重量性状多元回归方程的方差分析

项目	模型	平方和 SS	自由度 df	均方 MS	F 检测值
总重	回归	18 851.085	4	4 712.771	995.468
	残差	449.751	95	4.734	
	总计	19 300.837	99		

（续）

项目	模型	平方和 *SS*	自由度 *df*	均方 *MS*	*F* 检测值
软体重	回归	392.497	3	130.832	178.257
	残差	70.46	96	0.734	
	总计	462.957	99		
壳重	回归	5 988.567	6	998.094	696.709
	残差	133.23	93	1.433	
	总计	6 121.797	99		

6.3.3.7　日本镜蛤壳尺寸、重量性状对体积的通径分析

在回归分析的基础上，剔除差异不显著的表型性状，并计算壳尺寸性状、重量性状对体积的通径系数和相关指数。

对总体积的通径分析见表 6-10，总重对总体积的直接作用要高于壳长对总体积作用，同时壳长对总体积的间接作用也高于壳长通过总重对总体积的作用。

对壳腔体积的通径分析见表 6-13，总重对壳腔体积的直接作用高于其他变量的作用，达到 1.216；壳高和硬度对壳腔体积呈一定负值的直接作用，且壳高比硬度更加明显。对壳腔体积间接作用的因子中，壳高通过壳长对壳腔体积间接作用最强，达到 0.267 9；而总重通过壳高对壳腔体积负值的间接作用最大，达到 $-0.515\ 823$。

对壳体积的通径分析见表 6-10，壳重对壳体积的直接作用呈正值，而软体重对壳体积的作用呈负值。壳重通过软体重对壳体积的间接作用呈负值，而软体重对其间接作用呈正值。

6.3.3.8　日本镜蛤壳尺寸、体积对重量性状的通径分析

在回归分析的基础上，剔除差异不显著的表型性状，并计算壳尺寸性状、体积对重量性状的通径系数和相关指数。

对总体积的通径分析见表 6-11，总体积对总重的直接作用均高于其他因素，且总体积＞壳高＞壳宽＞厚度。壳高通过总体积对总重间接作用均高于其他几组，且均为正值。

对软体重的通径分析见表 6-11，各个因素对软体重的直接、间接作用均为正值；其中壳宽对软体重的直接作用均高于其他两组，达到 0.395，而壳腔体积通过壳宽对软体重间接作用高于其他几组，达到为 0.341 675。

对壳重的通径分析见表 6-11，各个因素对壳重的直接、间接作用均为正值。总体积对壳重的直接作用均高于其他几组，达到为 0.955。在这几种因素对壳重间接作用中，壳高通过总体积对壳重的间接作用均高于其他几组，达到 0.879 555，而厚度通过硬度对壳重的间接作用则最低，只有 0.217 664。

表6-10　日本镜蛤壳尺寸、重量性状对体积的通径分析

因变量	自变量	与因变量的简单相关系数	通径系数（直接关系）	间接作用							合计
				AW	T	VH	H	L	SW	RSW	
TV	L	0.92	0.239	0.222 031							0.222 031
	AW	0.968	1.069					1.034 792			1.034 792
SCV	AW	0.914	1.216		−0.158 466	0.107 092	−0.515 823	0.264 765			−0.302 432
	T	0.514	−0.231	0.834 176		0.058 712	−0.324 478	0.175 845			0.744 255
	VH	0.7	0.164	0.794 048	−0.082 698		−0.368 676	0.192 375			0.535 049
	H	0.866	−0.539	1.163 712	−0.139 062	0.112 176		0.267 9			1.404 726
	L	0.876	0.285	1.129 664	−0.142 527	0.110 7	−0.506 66				0.591 177
WV	SW	0.897	1.092							−0.194 674	−0.194 674
	RSW	0.757	−0.218						0.975 156		0.975 156

表 6-11 日本镜蛤壳尺寸、体积对重量性状的通径分析

因变量	自变量	直接作用		间接作用								
		与因变量的简单相关系数	通径系数（直接关系）	TV	T	H	W	VH	L	T	SCV	合计
AW	TV	0.968	0.454			0.291 036	0.162 84			0.059 904		0.513 78
	H	0.957	0.316	0.418 134			0.164 256			0.057 792		0.222 048
	T	0.686	0.096	0.283 296		0.190 232	0.116 289					0.306 521
	W	0.952	0.177	0.417 68		0.293 248				0.063 072		0.356 32
SW	TV	0.412	0.955		0.473 616	0.860 214	0.867 56	0.408 576	0.848 24			3.458 206
	T	0.212	0.759	0.595 92		0.562 268	0.619 551	0.217 664	0.568 874			2.564 277
	H	0.157	0.934	0.879 555	0.456 918		0.875 104	0.415 872	0.866 68			3.494 129
	W	0.223	0.943	0.878 6	0.498 663	0.866 752		0.399 456	0.799 374			3.442 845
	VH	−0.086	0.608	0.641 76	0.271 722	0.638 856	0.619 551		0.622 35			2.794 239
	L	0.13	0.922	0.878 6	0.468 303	0.877 96	0.817 581	0.410 4				3.452 844
RSW	W	0.883	0.395		0.197 757						0.289 775	0.487 532
	T	0.733	0.301				0.259 515				0.172 19	0.431 705
	SCV	0.831	0.335		0.154 714		0.341 675					0.496 389

6.3.3.9　日本镜蛤壳尺寸、重量性状对体积的决定系数

计算表型性状对体积性状的决定系数，结果如表 6-12 所示。对于总体积，自身总重对其决定系数为 1.143，其高于总重和壳长、自身壳长的共同决定系数。对于壳腔体积，其影响因子较多，自身总重的决定系数远高于其他自身和共同决定系数，决定系数达到 1.479。对于壳体积，日本镜蛤自身壳重对其决定系数高于自身软体重、壳重与软体重的共同决定系数，其决定系数为 1.192。

表 6-12　日本镜蛤壳尺寸、重量性状对体积的决定系数

因变量	自变量	AW	T	VH	H	L	SW	RSW
TV	L	0.474 702 28				0.057 121		
	AW	1.142 761						
SCV	AW	1.478 656	−0.051 977	0.260 448	−1.254 48	0.643 908		
	T		0.053 361	−0.027 125	0.149 909	−0.081 224		
	VH			0.026 896	−0.120 926	0.063 099		
	H				0.290 521	−0.288 8		
	L					0.081 225		
WV	SW						1.192 464	−0.420 407
	RSW							0.047 524

6.3.3.10　日本镜蛤壳尺寸、体积对重量性状的决定系数

计算表型性状对重量性状的决定系数，结果如表 6-13 所示。对于总重、壳宽的决定系数高于其他因素，其决定系数为 0.313 29。对于软体重，壳腔体积与壳宽的共同决定系数高于其他因素的决定系数，达到 0.228 92。对于壳重，影响因素较多，壳宽与总体积共同决定系数高于其他因素，而且壳高与总体积、壳高与壳宽、壳长与总体积、壳长与壳高和壳宽与壳长其共同决定系数均 1.5。进而说明壳宽是影响总重的主要因素，壳腔体积和壳宽是影响软体重的主要因素。

表 6-13　日本镜蛤壳尺寸、体积对重量性状的决定系数

因变量	自变量	决定系数						
		TV	T	H	W	VH	L	SCV
AW	TV	0.206 116	0.054 393	0.264 261	0.147 859			
	H		0.036 522 5	0.099 856	0.103 81			

（续）

因变量	自变量	决定系数						
		TV	T	H	W	VH	L	SCV
AW	T		0.009 216		0.022 327			
	W				0.313 29			
RSW	W		0.156 228		0.156 025			0.228 922
	T		0.090 601					0.103 658
	SCV							0.112 225
SW	TV	0.912 025	0.904 607	1.643 009	1.650 396	0.780 38	1.620 138	
	T		0.576 081	0.853 523	0.940 478 4	0.330 414	0.863 551	
	H			0.872 356	1.634 694	0.776 85	1.618 958	
	W				0.889 249	0.753 374	1.507 619	
	VH					0.369 664	0.756 778	
	L						0.850 084	

6.3.4 讨论

在贝类繁育过程和日常销售过程中，经济贝类的体积和重量性状对繁育过程、经济效益具有重要的影响。质量性状（总质量、软体部质量等）是开展双壳贝类人工选育的重要经济性状指标，通过易测得的形态性状与质量性状的通径分析，找出形态性状与质量性状紧密相关的因素，对于开展贝类人工繁育和科学优化人工育种方案，进而获得双壳贝类经济性状的改良具有十分重要的现实意义（Kvingedal et al.，2010；Wang et al.，2011；郭文学等，2012）。由于双壳贝类的体积性状较形态性状和质量性状测量难度较大，操作麻烦，往往容易被研究者所忽略。不过在双壳贝类日常销售环节中，老百姓经常通过肉眼观察贝类体积（圆形、椭圆形等）的大小来推断其重量多少，进而价格会根据体积有相应的变化。所以，在养殖育种工作中将体积作为经济性状也具有一定的实际意义。本试验研究主要通过采用多元回归分析和通径分析方法，选取较易测的日本镜蛤性状，分析各个性状之间的相关性，对其进行通径分析，以区分影响因变量（体积、质量性状）大小的因子，从而筛出影响其体积和质量性状的主要因素，为日本镜蛤人工选育提供一定的理论依据。

近些年，我国已经开展了很多关于双壳贝类数量性状间的相关性分析和通径分析研究，如栉孔扇贝（杜美荣等，2017；王冲，2013）、华贵栉孔扇贝（杨蕊等，2017；鄢朝等，2012；郑怀平等，2009）、牡蛎（肖述等，2011；孙泽伟等，2010；韩自强和李琪，2017）、厚壳贻贝（陆雅凤等，2015）、青蛤（高玮玮等，2009；孙同秋等，2013）、薄片镜蛤（王成东，2014；王成东等，2015）等经济贝类均有报道。对于日本镜蛤的通径分析国内仅有张伟杰等

（2013）关于庄河野生日本镜蛤壳尺寸与重量性状的相关性和回归分析研究报道，而关于日本镜蛤表观形态和各性状之间的相关关系却没有相关报道。本试验中，壳重对日本镜蛤总重，壳腔体积和壳重对日本镜蛤软体重具有重要影响，试验结果与张伟杰等（2013）对庄河野生日本镜蛤试验结果相似。而且本试验中所测的日本镜蛤的各性状间均存在差异显著（$P<0.05$）的表型相关，这与已有的对其他多种双壳贝类的研究结果一致（张存善等，2009；刘志刚等，2007；刘辉等，2015）。本试验又进一步进行逐步回归分析，剔除了与体积性状和质量性状相关性不显著（$P>0.05$）的尺寸性状，求得尺寸性状、体积性状与质量性状的多元回归，经检验所得方程可靠，可为日本镜蛤选育提供合理的测量指标和理论依据。

在进行通径分析时，人们普遍认为只有当相关指数 R^2 或各自变量对因变量的决定系数的总和等于或大于 0.85 时，才表明已经找到影响因变量的主要自变量（刘小林等，2004）。本试验中，壳尺寸、重量性状对体积性状中的相关指数中，壳腔体积、总体积的相关系数 R^2 均大于 0.85，这说明壳尺寸性状和质量性状对壳腔体积、总体积有较大的影响，而壳体积的相关系数 R^2 小于0.85，说明除了本实验中所选的壳尺寸性状、质量性状外，还有其他表型性状对体积也有较大的影响。在壳尺寸、体积对重量性状中的相关指数中，重量性状的 R^2 均大于 0.85，这说明试验中所选择的壳尺寸性状和体积性状对其有较大的影响。而且，本试验中决定系数分析的结果与通径分析结果相同。由此可见，在选取的各个性状中，除了之前多数研究者提到的壳尺寸性状（张伟杰等，2013；肖述等，2011；孙泽伟等，2010；韩自强和李琪，2017；巫旗生等，2018；吴彪等，2010；吴杨平等，2012）外，还有其他表型性状影响其壳形和质量性状。因此，对于壳尺寸、体积、质量性状的研究需要从多方面进行选择，以便更加全面地进行对比。

本试验中找到了影响日本镜蛤体积和重量性状的主要表型性状，如果以后能开展日本镜蛤的人工化养殖，此结果可以为日本镜蛤选育过程提供一定的理论参考。但本试验因为所选表型性状有限，可能还有其他性状对壳形、重量性状也有较大影响，所以之后会进行更全面的分析，以期为日本镜蛤的研究提供更详尽的参考资料。

6.4　日本镜蛤朝鲜群体营养成分分析

近年来，由于生境恶化和过度捕捞等因素从而导致野生海水贝类资源量和捕获量骤减，但其市场需求却在不断增加（迟淑艳等，2007）。因此，发展海水经济贝类就有非常重要的意义。近些年来，许多专家学者对我国沿海地区贝类进行种质资源调查和营养分析等方面的相关性研究。李阅兵等（2012）对近江牡蛎、波纹巴非蛤（*Paphia undulata*）、长竹蛏的营养成分分析的结果表明，波纹巴非蛤和长竹蛏属于高蛋白贝类，其蛋白占干物质的75%，而其脂肪和灰分含量中等，近江牡蛎脂肪含量在所测贝类中最高，约占干物质的14%，而蛋白和灰分则相对较少。李苹苹（2014）关于栉孔扇贝、文蛤、太平洋牡蛎、紫贻贝和毛蚶的有营养成分研究中表明，这五种贝类具有高蛋白、高矿物质、低脂肪的特点，其中栉孔扇贝、文蛤、太平洋牡蛎和紫贻贝4种经济贝类均含有较丰富的人体必需氨基酸。毛江静等（2017）关于厚壳贻贝营养分析的试验结果表明，自然成熟的厚壳贻贝矿物质含量高于人工促熟的亲贝，但人工促熟的肥满度、粗蛋白含量、粗脂肪含量均高于自然成熟的厚壳贻贝。刁石强等（2000）关于马氏珍珠贝肉营养成分分析的试验结果表明，马氏珠母贝是高蛋白（蛋白质为81.2%）、低脂肪、不饱和脂肪酸含量较高、含对多种无机盐和微量元素的贝类。日本镜蛤属软体动物门，瓣鳃纲，帘蛤目，帘蛤科，镜蛤亚科，镜蛤属，其不仅肉味鲜美，可以供食用，贝壳还可入药，具有软坚散结、清热解毒的药用功效（赵汝翼等，1980）。但对于日本镜蛤营养价值介绍却未有相关报道。为了充分开发利用日本镜蛤，提高滩涂贝类的附加值，本文通过对日本镜蛤主要营养成分进行分析和评价，为进一步开发日本镜蛤功能保健食品和药用有效成分提供一定的科学参考。

6.4.1 材料、仪器与方法

6.4.1.1 材料

试验材料于2017年7月3日购买于吉林延边，种贝为朝鲜种群，取样100只。

6.4.1.2 仪器与试剂

仪器：电子分析天平（SARTORIUS型BS224S），自动回流消化仪，凯氏蒸馏装置，酶标仪（THERMO型FI-1620 VANTAA），索氏脂肪抽提器，马福炉，日立式氨基酸分析仪，电热鼓风干燥箱（上海一恒科学仪器有限公司），高速匀浆机。

试剂：氯仿、甲醇、硫酸铜、硫酸钾、硫酸、硼酸、氢氧化钠等（均为分析纯），糖原试剂盒；粗蛋白测定试剂盒。

6.4.1.3 方法

6.4.1.3.1 一般化学成分测定

水分测定采用GB 50093—2010中的直接干燥法，灰分测定采用GB 50094—2010中的5.3.2，粗脂肪的测定是利用Bligh-Dyer法，粗蛋白测定按照试剂盒步骤进行测定。

6.4.1.3.2 氨基酸、脂肪酸测定

氨基酸测定：样品经 6 mol/L 的盐酸水解后，采用日立氨基酸自动分析仪进行测定（缪凌鸿等，2010）。

脂肪酸测定：气相色谱分析法。

6.4.1.3.3 氨基酸营养价值评价

采用氨基酸评分（AAS）对日本镜蛤蛋白质营养价值进行评价。以 FAO/WHO1973 年提出的人体氨基酸模式为评分标准，按照以下公式计算被评价食物蛋白质必需氨基酸的评分值。找出评分值最低的必需氨基酸，定为第一限制氨基酸，此氨基酸的评分值即为该食物蛋白质的氨基酸评分（李苹苹等，2012）。

AAS=被测食物中每克蛋白质中氨基酸含量/理想模式中每克蛋白质中氨基酸含量

AAS=受试蛋白质氨基酸含量（mg/g）/FAO/WHO 评分模式中同种氨基酸含量（mg/g）

6.4.2　数据分析

根据 6.4.1.3.3 中的公式，用 EXCEL 软件计算出每一指标，并对数据进行初步整理。

6.4.3　结果与分析

6.4.3.1　主要营养成分含量

日本镜蛤和几种海水贝类主要营养成分见表 6-14。

表 6-14　日本镜蛤与几种海水贝类的一般化学成分对比（%）

样品	水分	灰分	粗脂肪	粗蛋白	糖原
波纹巴非蛤	78.6	2.82	1.89	16.1（干重）	0.59
长竹蛏	81.4	2.92	1.47	14（干重）	0.21
近江牡蛎	78.1	1.3	3.29	10.4（干重）	6.91
栉孔扇贝	80.4	1.24	3.09	12.3（干重）	3.16
文蛤	81.2	1.65	1.15	10.7（干重）	5.25
太平洋牡蛎	82.1	1.27	3.26	9.83（干重）	3.2
紫贻贝	79.1	2.17	3.81	12.4（干重）	3.12
毛蚶	82.9	2.19	2.7	8.2（干重）	3.9
日本镜蛤	78.66±1.26	2.039±0.117	1.22±0.15	0.512±0.044（湿重）	3.93±1.63

由表 6-14 可知，日本镜蛤的含水量与其他几组贝类差异不明显，但是在灰分、蛋白质、粗脂肪及其糖原方面却有比较大的差异。本试验中日本镜蛤含水量接近于波纹巴非蛤、近江牡蛎和紫贻贝，其灰分约为 2.039%，略高于近江牡蛎、栉孔扇贝、文蛤和太平洋牡蛎，而其粗脂肪含量相对较低，其含量约为 1.22%。日本镜蛤粗蛋白含量较其他贝类相对较高，其含量约为 0.512（湿重），其糖原含量相对其他贝类较低，含量约为 3.93%，其低于近江牡蛎和文蛤。综上所述，日本镜蛤主要营养成分整体特点属于典型的高蛋白、高矿物质、低脂肪，具有明显的营养优势，是广大消费者特别是中老年的首选动物蛋白源，同时也是补充矿物质的良好食材。

6.4.3.2 氨基酸含量

日本镜蛤朝鲜群体的氨基酸含量、组成及评分比（AAS）结果见表 6-15 和表 6-16。

表 6-15　日本镜蛤的氨基酸含量

氨基酸种类	含量（每 100g 含量，g）	氨基酸种类	含量（每 100g 含量，g）
丙氨酸（Ala）	2.13±0.02	亮氨酸（Leu）	3.70±0.10
精氨酸（Arg）	3.61±0.12	赖氨酸（Lys）	3.12±0.10
天冬氨酸（Asp）	7.03±0.32	甲硫氨酸（Met）	1.16±0.05
半胱氨酸（Cys）	—	苯丙氨酸（Phe）	1.88±0.06
谷氨酰胺（Gln）	—	脯氨酸（Pro）	—
谷氨酸（Glu）	—	丝氨酸（Ser）	2.76±0.10
组氨酸（His）	1.01±0.03	苏氨酸（Thr）	2.88±0.12
异亮氨酸（Ile）	2.29±0.06	色氨酸（Trp）	—
甘氨酸（Gly）	4.20±0.15	酪氨酸（Tyr）	1.97±0.10
天冬酰胺（Asn）	—	缬氨酸（Val）	2.43±0.05

表 6-16　日本镜蛤氨基酸组成及评分比

必需氨基酸	FAO/WHO	氨基酸含量/（g/100g）	AAS
苏氨酸	40	2.88±0.12	0.72
缬氨酸	50	2.43±0.05	0.49
蛋氨酸＋胱氨酸	35	1.16±0.05	0.33
异亮氨酸	40	2.29±0.06	0.57
亮氨酸	70	3.70±0.01	0.53
苯丙氨酸＋酪氨酸	60	3.85±0.10	0.64

（续）

必需氨基酸	FAO/WHO	氨基酸含量/（g/100g）	AAS
赖氨酸	55	3.12±0.1	0.57
合计	350		

表 6-15 结果显示，日本镜蛤软体部中氨基酸的种类和含量，半胱氨酸、谷氨酰胺、谷氨酸、天冬酰胺、脯氨酸、色氨酸没有测出来，说明日本镜蛤不含有这几种氨基酸。日本镜蛤中天冬氨酸的含量最高。天冬氨酸和谷氨酸是对鲜味有影响的特征性氨基酸，天冬氨酸含量在这几种氨基酸中所占的比例最高，能够使贝类鲜味更加浓重。

由表 6-16 中结果中得出，在必需氨基酸中含量最低的是蛋氨酸＋胱氨酸，含量最高的是亮氨酸。从必需氨基酸/总氨基酸来看，日本镜蛤的比值符合 FAO/WHO 推荐值，说明日本镜蛤氨基酸组成较为均衡。根据营养学知识，蛋白质的营养价值评价主要有三个指标，分别为蛋白质含量、蛋白质消化率和利用率。前面表 6-16 已就蛋白质含量进行了分析，本试验采用 1973 年公布的 FAO/WHO 人体氨基酸模式为理想模式，用 AAS 法对蛋白质利用率进行分析，如表 6-16 所示。AAS 值越高，则说明该食物的氨基酸模式与理想模式越接近，越能满足人体的营养需求，其营养价值也就越高。由表 6-16 可知，日本镜蛤每克蛋白质中必需氨基酸的种类存在一定的差异。其中日本镜蛤中苏氨酸的氨基酸 AAS 最高为 0.72，蛋氨酸＋胱氨酸的氨基酸 AAS 最低，为 0.33，因此，日本镜蛤第一限制性氨基酸是蛋氨酸＋胱氨酸。

6.4.3.3 脂肪酸含量

日本镜蛤脂肪酸组成及含量比结果见表 6-17。

表 6-17 日本镜蛤脂肪酸组成及含量比

脂肪酸组成	脂肪酸含量比（%）	脂肪酸组成	脂肪酸含量比（%）
14：0	3.07±0.067	18：1n-7	5.93±0.47
16：0	20.10±0.81	18：2n-6	1.64±0.08
16：1n-7	5.84±0.24	18：3n-3	1.57±0.10
16：1n-5	2.25±0.27	18：4n-3	1.35±0.06
17：0	0.99±0.052	20：1n-9	4.74±0.11
17：1n-7	1.92±0.33	20：1n-7	4.56±0.35
18：0	6.29±0.24	20：2n-6	1.00±0.06
18：1n-9	4.92±0.34	20：4n-6	2.48±0.12

（续）

脂肪酸组成	脂肪酸含量比（%）	脂肪酸组成	脂肪酸含量比（%）
20：5n-3	11.23±0.61	总计	100
22：2	4.80±0.18	SFA	35.24
22：4n-6	0.85±0.027	UFA	64.76
22：5n-6	1.49±0.061	MUFA	30.15
22：5n-3	1.86±0.05	PUFA	34.61
22：6n-3	10.16±0.27	EPA+DHA	21.46

注：SFA 为饱和脂肪酸；UFA 为不饱和脂肪酸；MUFA 为单不饱和脂肪酸；PUFA 为多不饱和脂肪酸。

由表 6-17 可以看出，日本镜蛤的饱和脂肪酸以棕榈酸（16：0）为主，含量比为 20.10±0.81。对单不饱和脂肪酸而言，日本镜蛤以 18：1n-7 居多，含量比达到 5.93±0.47；在多不饱和脂肪酸中，日本镜蛤以 20：5n-3 居多，含量比达到 11.23±0.61，其中日本镜蛤的二十碳五烯酸（EPA，20：5）和二十二碳五烯酸（DHA，22：6）总含量比 21.46，EPA 与 DHA 含量比分别为 3.35±0.111 和 10.16±0.27。多不饱和脂肪酸（EPA 和 DHA）在心脑血管的功能改善、抑制前列腺素、阻止肿瘤生长、降低血脂和动脉硬化、抗炎、保视等方面有着非常好的功能，对于心律失常、心肌梗死、减少心栓形成有一定的预防作用，同时还能够通过促进人体内磷脂酰丝氨酸积累而防止细胞的程序性死亡（Kim，2008；李阅兵等，2011；Freund-Levi et al.，2006），通常这两种脂肪酸（EPA 和 DHA）也被用来衡量脂肪的价值。日本镜蛤 EPA 和 DHA 脂肪酸总含量达到 21.46%，其占脂肪酸的比重较大。因此，针对现在人们的健康营养的饮食，建议可以多食用日本镜蛤或者其产品。

6.4.4 讨论

与其他生物相比（李晓英等，2010；陈元晓等，2009；杨月欣等，2010；鸿巢章二和桥本周久，1994），日本镜蛤粗脂肪含量相对较低，但粗蛋白、糖原含量相对较高。从而可以从日本镜蛤中分离提纯得到生物活性多糖，用于生产、制造保健食品或药品，对人类健康具有十分重要的意义（刘俊等，2008）。

日本镜蛤的第一限制氨基酸是蛋氨酸＋胱氨酸。用氨基酸评分法判断蛋白质质量，其 AAS 在 0.30～0.94 时表示蛋白质质量较高。从表 6-17 中可以得出，日本镜蛤的 AAS 值范围为 0.33～0.72，从而说明日本镜蛤蛋白质质量较高。这就可以用日本镜蛤通过酶解、醇沉、脱色、分离等加工工艺过程，提高其蛋白质的纯度，获取大量必需氨基酸，得到不同形式、用途的产品，从而提高贝类的附加值（王龙和叶克难，2006）。

日本镜蛤的粗脂肪含量基本在 1.2% 左右；脂类成分中胆固醇含量相对较低，食用日本镜蛤或者其加工食品不存在摄入高胆固醇的危险。脂质成分中不饱和脂肪酸含量较高，达到 65% 左右，尤其是 EPA 和 DHA，总含量达到了 21.46%，二者含量比约为 1∶1。因此，从脂类的营养价值角度考虑，日本镜蛤脂质成分不仅适于开发益智健脑的保健食品，也同时适于开发预防心血管疾病的药品。

综上所述，日本镜蛤属于高蛋白、高矿物质、低脂肪且必需氨基酸含量较高、EPA 和 DHA 含量较高的海水贝类，符合现在人们的健康饮食需求。

6.5 环境因子对日本镜蛤浮游幼虫发育与生长的影响

近些年，随着工业化水平的不断提高，沿海地区水质污染越来越严重，水质变得越来越差。而在养殖生物人工繁育和生产中，水质变化对水生生物有重要的影响。水质变化能够直接影响或者改变水生生物的组织、生理机能。pH、盐度、温度作为常规的水环境监测的重要指标，对养殖水体的水质、水生生物有重要的影响，在养殖生产水质管理上有重要的指导意义。

在海水贝类人工繁育中，水环境中 pH、盐度、温度和养殖密度、饵料种类都会对贝类生长发育有重要的影响。水环境 pH 的改变会影响水生生物血液酸碱平衡，改变养殖生物生理机能，血液载氧能力下降，降低溶解氧与血红蛋白的亲和力，造成生理缺氧症，使得生长缓慢或患病。水环境盐度的改变会直接影响水生生物的孵化率、存活率、生长率、变态率和改变养殖生物生理机能等，使得养殖生物生长、发育变缓或者患病进而死亡。温度是直接影响养殖生物生长发育的指标。在一定范围内，温度低会延缓水生生物的生长发育、降低死亡率、孵化率和变态率等，温度高会促进水上生物的生长发育，提高其孵化率和变态率等。海水贝类浮游期，贝类养殖密度和饵料种类搭配都会影响海水贝类的生长发育。

因此，拟研究不同环境胁迫对浮游期日本镜蛤幼虫生长、发育的影响，以期为建立和完善日本镜蛤的苗种繁育和养成技术提供参考。

6.5.1 材料与方法

6.5.1.1 材料

试验材料种贝于 2017 年 7 月 3 日购买于吉林延边，日本镜蛤种贝为朝鲜群体，样本取回后暂养，进行催产。日本镜蛤均于 2017 年 7 月 4 日至 2017 年

7月25日在大连市瓦房店市五禾渤海水产养殖有限公司繁育。

6.5.1.2　试验方法

pH：设定 pH 梯度为 6.0、6.4、6.8、7.2、7.6、8.0（天然海水、对照组）、8.4、8.8 和 9.2。用 40 g/L NaOH 溶液和 1∶10 盐酸（分析纯）调节 pH。盐度 30，投饵料 3～4 次，20 000 个/d。方法是在 20 L 白桶内调 pH 至预定值，保持误差在 ±0.05 以内，然后随机均匀倒入试验桶内。每天定时和在投饵后根据实测值对 pH 微调 3 次。试验以 pH 的实测平均值作为各梯度的真实值，全量换水 1 次/d，幼虫培育密度 5 个/mL。为避免试验水中与空气中 CO_2 发生交换改变其 pH，整个试验期间不充气。为避免试验期间溶解氧（DO）低的问题，试验用水在使用之前充分曝气，使溶解氧达到饱和状态，试验期间各处理组溶解氧均＞5.0 mg/L。整个试验期间，浮游期日本镜蛤幼虫投喂叉鞭金藻（*Dicrateria* sp.），定期观察和记录幼虫摄食和活动情况。全部实验设 3 个重复。

盐度：设定盐度梯度为 15、20、25、30（天然海水、对照组）和 35，用淡水和生物海水晶调节盐度。盐度误差为 ±1。日常管理同 pH 试验。

温度：设定温度梯度为 17 ℃、21 ℃、25 ℃、29 ℃、33 ℃，各组温度误差控制在 ±0.7 ℃以内。低温海水用海尔冰柜降温，高温海水使用水浴加热的方法进行升温，盐度 30。其他同 pH 试验。

密度：设定密度梯度为 3 个/mL、6 个/mL、9 个/mL、12 个/mL、15 个/mL。其他同 pH 试验。

6.5.1.3　测量方法

充分搅动试验小桶中海水，使幼虫与死壳分布均匀，吸取一定体积试验小桶中水样，在显微镜下用培养皿进行全计数，记录下存活和死壳的数量，计算出存活率，后用手机对显微镜下幼虫拍照，之后用 Photoshop CS4 对幼虫测量壳长。实验设 3 组重复。

6.5.1.4　计算公式

$$存活率＝（结束时密度/初始密度）×100\%$$

6.5.2　统计方法

使用 Excel 2003、SPSS24.0 及其 R 语言统计软件对数据进行分析处理，使用单因素方差分析方法对不同胁迫组测得的数据进行分析比较，差异显著性 $P＜0.05$。

6.5.3　结果

6.5.3.1　pH 对日本镜蛤浮游幼虫生长发育的影响

不同 pH 胁迫下存活率与壳长生长结果见图 6-7 和图 6-8。

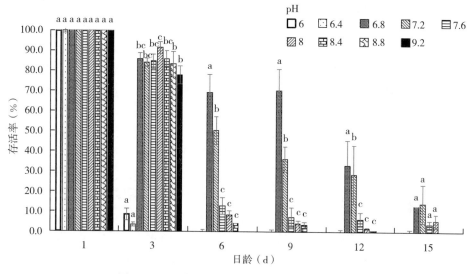

图 6-7　pH 对日本镜蛤浮游幼虫存活率的影响

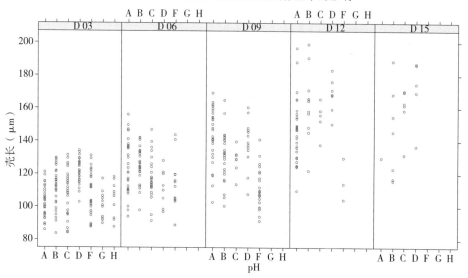

图 6-8　pH 对日本镜蛤浮游幼虫壳长生长的影响

A=pH6.8　B=pH7.2　C=pH7.6　D=pH8.0　F=pH8.4　G=pH8.8　H=pH9.2

图 6-7 显示：随着在不同 pH 下的环境胁迫，日本镜蛤浮游幼虫存活率基本上呈逐渐下降趋势，并且不同 pH 对其存活率影响不同。胁迫 3 d，所有的胁迫组存活率均降低，其中 pH 6.0 与 pH 6.4 下降程度最大，存活率最低，与其他胁迫组差异显著（$P<0.05$）。pH 8.0（对照组）与 pH 8.8 和 pH 9.2 组差异显著（$P<0.05$），与剩余处理组差异不显著（$P>0.05$）；胁迫 6 d，pH 6.0、pH 6.4、pH 8.8 和 pH 9.2 胁迫组日本镜蛤浮游幼虫均全部死亡，

在剩下组中随着 pH 的升高其存活率逐渐降低，与 pH 8.0（对照组）相比，pH 6.8 和 pH 7.2 差异显著（$P<0.05$），其余的差异不显著（$P>0.05$）；胁迫 9 d，其存活率规律同 6 d 相似，随着 pH 的升高其存活率降低，pH 8.0 与 pH 6.8 和 pH 7.2 差异显著（$P<0.05$），其余的差异不显著（$P>0.05$）；胁迫 12 d，在剩余组中随着 pH 的升高其存活率逐渐降低，与 pH 8.0（对照组）相比，pH 6.8 和 pH 7.2 差异显著（$P<0.05$），其余的差异不显著（$P>0.05$）；胁迫 15 d，pH 6.4 日本镜蛤的存活率为 0，在剩余组中两两相比差异不显著（$P>0.05$），且 pH 7.2 存活率最高，pH 7.6 存活率最低。

图 6-8 显示：在不同 pH 下，日本镜蛤浮游幼虫壳长生长速率不同，且不同 pH 对其壳长的生长也不同。胁迫 3 d，与 pH 8.0（对照组）相比，其余的胁迫组差异显著（$P<0.05$），胁迫组两两之间差异不显著（$P>0.05$）；胁迫 6 d，剩余组中两两之间差异不显著（$P>0.05$）；胁迫 9 d，与 pH 8.0（对照组）相比，低 pH（pH 6.8、pH 7.2、pH 7.6）差异不显著（$P>0.05$），与 pH 8.4 对比差异显著（$P<0.05$），pH 6.8 与 pH 7.6 差异显著（$P<0.05$）；胁迫 12 d，pH 8.4 与其他组相比差异显著（$P<0.05$），剩余组两两之间差异不显著（$P>0.05$）；胁迫 15 d，pH 6.8 与 pH 8.0 相比差异显著（$P<0.05$），剩余组两两之间差异不显著（$P>0.05$）。

综上所述，不同 pH 对日本镜蛤浮游幼虫存活率和早期发育影响不同，其中日本镜蛤浮游幼虫生存生长 pH 范围为 7.2～8.4，且随着 pH 的升高其生长速率增加。

6.5.3.2 温度对日本镜蛤浮游幼虫生长发育的影响

在不同温度胁迫下的存活率与壳长生长结果见图 6-11 和图 6-12，图中 T17、T21、T25、T29、T33 分别表示 17 ℃、21 ℃、25 ℃、29 ℃、33 ℃。

图 6-9 显示：胁迫 15 d，17～33 ℃范围内均有幼虫存活和生长。胁迫 3 d 时，17 ℃存活率最高，但与 21 ℃和 25 ℃组差异不显著（$P>0.05$），与其余两高温组（29 ℃、33 ℃）差异显著（$P<0.05$）；胁迫 6 d，17 ℃存活率最高，与 21 ℃、25 ℃和 29 ℃差异不显著（$P>0.05$），而 33 ℃与其他温度（除 29 ℃）胁迫差异显著（$P<0.05$）；胁迫 9 d，33 ℃存活率最高，与其他胁迫组差异显著（$P<0.05$），且 29 ℃存活率最低，与其他三组差异显著（$P<0.05$）；胁迫 12 d，33 ℃存活率高，与其余胁迫组差异显著（$P<0.05$），且 25 ℃存活率最低，与 29 ℃组差异显著（$P<0.05$）；胁迫 15 d，33 ℃存活率最高，与其他温度胁迫组差异显著（$P<0.05$），17 ℃存活率最低，与 21 ℃差异显著（$P<0.05$）。

图 6-10 显示：不同温度下日本镜蛤浮游幼虫壳长生长速率不同。胁迫 3 d，各组之间差异不显著（$P>0.05$）；胁迫 6 d，17 ℃和 33 ℃差异不显著（$P>$

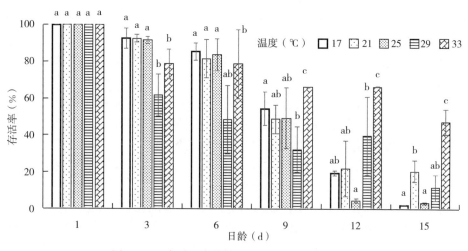

图 6-9　温度对日本镜蛤浮游幼虫存活率的影响

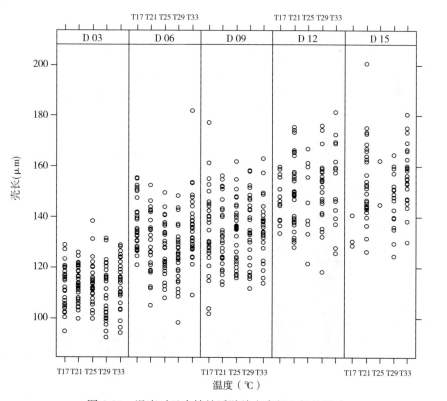

图 6-10　温度对日本镜蛤浮游幼虫壳长生长的影响

0.05），与其他三组差异显著（$P<0.05$）；胁迫 9 d，两两温度胁迫组之间差异不显著（$P>0.05$）；胁迫 12 d，两两温度胁迫组之间差异不显著（$P>0.05$）；胁迫 15 d，17 ℃与 29 ℃差异不显著（$P>0.05$），与其他三组（21 ℃、25 ℃、33 ℃）差异显著（$P<0.05$），而 29 ℃与其他三组（21 ℃、25 ℃、33 ℃）差异不显著（$P>0.05$）。

综上所述，日本镜蛤浮游幼虫在 17～33 ℃范围内均能存活和生长，并且随着温度的升高，存活率呈增高趋势，相对生长则差别不大。

6.5.3.3　盐度对日本镜蛤浮游幼虫生长发育的影响

在不同盐度胁迫下存活率与壳长生长结果见图 6-11 和图 6-12，图中 S15、S20、S25、S30、S35 分别表示盐度为 15、20、25、30、35。

图 6-11 显示：胁迫 15d，能够存活的盐度范围为 20～30。其中，胁迫 3 d，不同盐度生存条件日本镜蛤浮游幼虫存活率相差不大。与盐度 30（对照组）相比较其他胁迫组差异不显著（$P>0.05$），盐度 25 与盐度 35 差异显著（$P<0.05$）；胁迫 6 d，不同盐度生存条件下日本镜蛤浮游幼虫存活率大幅度下降，两两之间差异不显著（$P>0.05$）；胁迫 9 d，盐度 30（对照组）日本镜蛤幼虫存活率最高，与盐度 15 差异不显著（$P>0.05$），与剩余的盐度胁迫组差异显著（$P<0.05$）；胁迫 12 d，盐度 30（对照组）其存活率最高，与盐度 15 差异显著（$P<0.05$），与其他胁迫组比较差异不显著（$P>0.05$）；胁迫 15 d，盐度 15 和 35 日本镜蛤浮游幼虫完全死亡，剩余组两两之间差异不显著（$P>0.05$）。

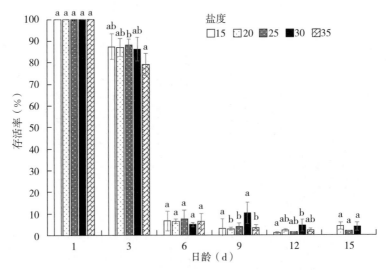

图 6-11　盐度对日本镜蛤浮游幼虫存活率的影响

图 6-12 显示：随着在不同盐度下的盐度胁迫，日本镜蛤浮游幼虫壳长生

长速率不同，且不同盐度对其壳长的生长也不同。胁迫 3 d，与盐度 30（对照组）相比，盐度 20 和盐度 25 差异不显著（$P > 0.05$），与剩余的胁迫组相比差异显著（$P < 0.05$）；胁迫 6 d，与盐度 30（对照组）相比，盐度 20 差异显著（$P < 0.05$），剩余的胁迫组差异不显著（$P > 0.05$），盐度 35 与 20 差异显著（$P < 0.05$），剩下的两组差异不显著（$P > 0.05$）；胁迫 9 d，与盐度 30（对照组）相比，盐度 35 差异显著（$P < 0.05$），其他胁迫组差异不显著（$P > 0.05$），盐度 20 与盐度 25、35 相比差异显著（$P < 0.05$），胁迫 12 d，与盐度 30（对照组）相比差异不显著（$P > 0.05$），只有盐度 20 与 35 差异显著（$P < 0.05$）；胁迫 15 d，盐度 30（对照组）与 25 差异显著（$P < 0.05$），与盐度 20 差异不显著（$P > 0.05$），盐度 20 与 25 差异显著（$P < 0.05$）。

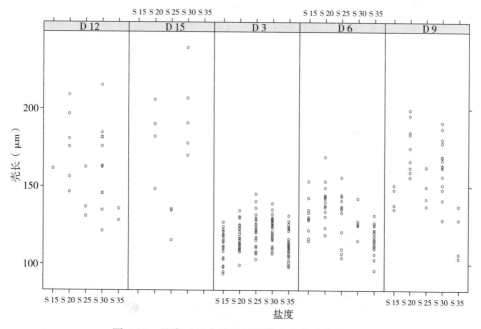

图 6-12　盐度对日本镜蛤浮游幼虫壳长生长的影响

　　综上所述，日本镜蛤浮游幼虫适合生存和生长的盐度范围为 20～30，且盐度 30 存活率最高，生长速率最快。

6.5.3.4　密度对日本镜蛤浮游幼虫生长发育的影响

　　结果见图 6-13 和图 6-14，图中 M3、M6、M9、M12、M15 分别表示 3、6、9、12、15 个/mL。

　　图 6-13 显示：在 3～15 个/mL 范围内，随着幼虫培育密度的增加，其存活率下降。3 d 后，3 个/mL 存活率最高，15 个/mL 存活率最低，3 个/mL 与 9、12、15 个/mL 差异显著（$P < 0.05$），6 个/mL 与 15 个/mL 差异显著（$P <$

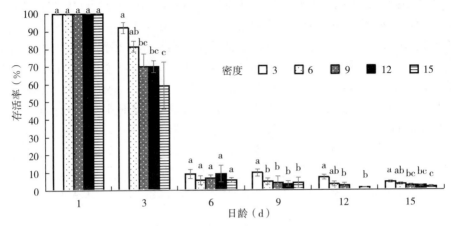

图 6-13　密度对日本镜蛤浮游幼虫存活率的影响

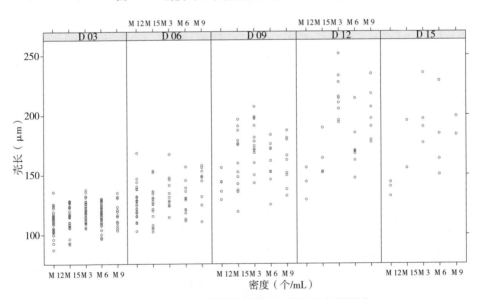

图 6-14　密度对日本镜蛤浮游幼虫壳长生长的影响

0.05），其余差异不显著（$P>0.05$）；6 d 后，两两之间差异不显著（$P>0.05$），3 个/mL 和 12 个/mL 存活率最高，15 个/mL 存活率最低；9 d 后，3 个/mL 存活率最高，且与其他组差异显著（$P<0.05$），其他组之间差异不显著（$P>0.05$）；12 d 后，12 个/mL 没有测到，3 个/mL 存活率最高，与 9 个/mL 和 15 个/mL 差异显著（$P<0.05$）；15 d 后，随着密度的增加存活率逐渐降低，以 3 个/mL（M3）存活率最高，并且与 9、12 和 15 个/mL 差异显著（$P<0.05$）。

　　图 6-14 显示：幼虫密度小，其壳长生长速率大。3 d 后，3 个/mL 壳长最大，3 个/mL 与 12 个/mL 相比差异显著（$P<0.05$），与其余组相比差异不显

著（$P>0.05$），其余组之间两两比较差异不显著（$P>0.05$）；6 d 后，9 个/mL 与 12 个/mL 和 15 个/mL 差异显著（$P<0.05$），其余组两两之间差异不显著（$P>0.05$）；9 d 后，3 个/mL 壳长最大，3 个/mL 与 12 个/mL 差异显著（$P<0.05$），其余组两两之间差异不显著（$P>0.05$）；12 d 后，3 个/mL 壳长最大，12 个/mL 壳长最小，3 个/mL 与 6、12 和 15 个/mL 差异显著（$P<0.05$）；15 d 后，3 个/mL 壳长最大，12 个/mL 与 3、9 个/mL 差异显著（$P<0.05$），其余组两两之间差异不显著（$P>0.05$）。

总之，培育密度为 3 个/mL 时，存活率和壳长生长最大。密度增大，存活率和壳长生长下降。

6.5.4　讨论

6.5.4.1　pH 对日本镜蛤浮游阶段影响

海水一般呈弱碱性，海水的 pH 对贝类生长特别是早期贝类幼虫生长发育影响较大。超过贝类幼虫生长发育适宜的 pH 范围，会导致贝类幼虫出现畸形、生长缓慢或者停止，甚至导致贝类死亡。海水的 pH 一般为 7.5～8.5，大多数贝类适应的 pH 范围也在此区间。王晔（2016）关于 pH 对日本海神蛤（*Panopea japonica*）幼虫早期生长发育的研究表明，日本海神蛤浮游幼虫生长和存活适宜 pH 范围为 7.6～9.1，偏碱性的水环境有利于其生长。叶乐等（2015）关于长肋日月贝（*Amusium pleuronectes*）幼虫存活及生长的影响研究表明，长肋日月贝直线绞合幼虫的生存适宜 pH 6.6～8.8，最适 pH 7.0～8.5，生长适宜 pH 6.3～8.6，最适 pH 7.5～8.5。方军等（2008）关于毛蚶稚贝生长与存活影响因素的初步研究表明，毛蚶稚贝生存的适宜 pH 为 7.5～8.5，pH 为 8.0 时生长及存活最好；张焕等（2013）关于魁蚶（*Scapharca broughtonii*）稚贝生长与存活的影响因素研究中表明，魁蚶稚贝生存的适宜 pH 范围为 7.5～8.5，在 pH 为 8.5 时生长及存活最好；顾晓英等（1998）关于 pH 对彩虹明樱蛤（*Moerella iridescens*）对 pH 的适应性幼虫存活、生长影响的研究中表明，彩虹明樱蛤适宜 pH 范围 6.0～9.11，pH 7.98 时幼虫存活率最高。

本试验表明，在 pH7.2～8.4 范围内，日本镜蛤均能够正常生长发育，且越接近 pH 7 其存活率越高，越接近 pH 8.0 其壳长生长速率越大。表明日本镜蛤浮游幼虫喜中性和偏碱性的养殖水域环境。但是能耐受的 pH 上限较多数贝类低（方军等，2008；王晔，2016；张焕等，2013；顾晓英等，1998），出现此结果的原因可能与不同受试生物原生存水环境的 pH 以及实验用水的 pH 不同有关。

6.5.4.2　温度对日本镜蛤浮游阶段影响

贝类的存活、生长发育由内外所在的条件决定，内在条件主要是指种的特性，外在条件主要是指贝类生存的外界环境。适宜的外界环境能够使贝类快速生长发育，不利的环境条件使贝类生长发育减慢甚至停止（Walne，1965；刘敏，2015；刘巧林等，2009；张雨，2012）。而贝类属于变温动物，从而说明温度对贝类的存活和生长发育具有十分重要的作用。在贝类幼虫期，水环境中的温度过高或过低都会对其生长发育产生不利的影响（包永波和尤仲杰，2004），而且不同贝类幼虫对温度的适宜范围也不同（楼允东，1996）。肖友翔（2016）关于温度对日本海神蛤幼虫发育影响的研究中指出日本海神蛤浮游幼虫生长存活最适水温为16～22 ℃，水温高于22 ℃，幼虫无法长时间存活，水温低于16 ℃，幼虫生长发育缓慢，变态率低；许岚等（2017）关于温度对壳黑长牡蛎幼虫发育影响的研究中指出，壳黑长牡蛎大规模人工育苗中，水温控制在25～29 ℃较为适宜；陈志（2013）关于波纹巴非蛤幼虫的研究中表明，波纹巴非蛤幼贝生长适宜温度为18～32 ℃，最适温度为26～30 ℃。

本试验中，25 ℃和33 ℃对日本镜蛤浮游幼虫存活率较高，17 ℃日本镜蛤浮游幼虫完全死亡，而且高于25 ℃，随着温度的升高其壳长生长速率越高。对于29 ℃下日本镜蛤存活率比较低的情况，可能是在试验过程、取样过程等方面出现误差。此试验结果表明日本镜蛤耐温度的范围更广一些，这可能与不同的贝类对温度的适应性及其长期生活地区水环境的温度变化有关。

6.5.4.3 盐度对日本镜蛤浮游阶段影响

盐度对于海洋中的水生生物生长发育具有重要的意义。盐度对其内环境的渗透压，对水生生物的新陈代谢、消化吸收和免疫功能等具有十分重要的作用。并且，海水贝类属于变压物种，能够根据外界环境中盐度的变化从而调节其渗透压，进而影响贝类个体的存活死亡、生长发育、数量和分布等（许岚等，2017）。一旦水环境中的盐度发生变化，超过其适宜的生存生长范围，就会出现内脏团微颤，鳃上和面盘的纤毛摆动速率变慢，心跳减慢，对外界刺激反应迟钝等不良现象（包永波和尤仲杰，2004）。渗透压的改变不仅降低贝类的新陈代谢速率，同时也影响了其新陈代谢的效率（包永波和尤仲杰，2004；Tettelbach and Rhodes，1981；Gianluca，1997）。许岚等（2017）关于壳黑长牡蛎幼虫生长和存活的研究结果表明，在壳黑长牡蛎大规模人工育苗中，盐度控制在21～31较为适宜；肖友翔（2016）关于盐度对日本海神蛤幼虫影响的研究结果表明，日本海神蛤浮游幼虫最适盐度为30，盐度低于25无法长时间存活；陈志（2013）关于盐度对波纹巴非蛤幼虫研究结果中表明盐度为33，波纹巴非蛤幼虫平均生长率最高；丁敬敬（2016）关于盐度对羊鲍生长发育研究结果表明，盐度32时羊鲍幼虫发育的成活率最高，幼虫发育的适宜盐度范围为28～32，最适盐度范围为30～32；罗明明（2012）关于盐度对马氏珠母贝幼虫生长影响的研究表明盐度28～29是其最适的盐度范围。

本试验中日本镜蛤浮游幼虫盐度耐受性情况如图 6-13 和图 6-14 所示：盐度在 20 和 30 时日本镜蛤浮游幼虫存活率较高，盐度低于 15 和高于时 35 时其幼虫全部死亡，并且盐度在 30 时壳长生长速率最快。此试验结果表明日本镜蛤耐盐度的范围与其他贝类不同，这可能与不同的贝类对盐度的适应性及其长期生活地区水环境的盐度变化有关。

6.5.4.4 密度对日本镜蛤浮游阶段影响

养殖密度对于贝类的苗种生长具有十分重要的意义。养殖密度过高，会导致贝类畸形率增高、变态率降低、存活率降低和生长发育时间增加等（阮飞腾，2014；Cragg，2006；Sprung，1984；Macdonald，1988；孙秀俊和李琪，2012）；但是养殖密度过低，虽然贝类存活率、变态率增加，生长发育时间缩短和畸形率降低，但浪费养殖水体，单位水体内产量低。

本试验中，日本镜蛤随着密度的增加，其存活率逐渐下降，而壳长生长速率不断降低。根据本试验结果，建议浮游期日本镜蛤养殖密度为 5 个/mL 左右。而在整个过程中，日本镜蛤的死亡率去不断增加，出现这样的原因可能是养殖水体中一些桡足类随着温度的升高其数量不断增加，水质变差，导致后期日本镜蛤存活率较低。

6.6　日本镜蛤的性腺发育和生殖周期

日本镜蛤生活于潮间带中区以下到数 10 m 深的浅海，埋栖深度 10 cm 左右，分布非常广泛，适应能力强，在俄罗斯远东海域、朝鲜、日本北海道南部至奄美大岛及我国北起鸭绿江口、南至海南岛南端均有分布。此蛤可供食用，贝壳可入药，又名"蛤蜊"，有软坚散结、清热解毒的功能（赵汝翼，1982）。唯其数量不多，尚不能作为主要捕捞对象．而近年来的乱采滥捕使该资源受到严重破坏，因此有必要采取措施对这一自然资源加以保护和开展人工养殖。有关日本镜蛤性腺发育和生殖周期的研究，国内外均未见报道。本节用组织学手段对日本镜蛤的性腺发育和生殖周期做了研究。

6.6.1　材料与方法

本节研究所用镜蛤，采捕于烟台芝罘湾东岸。自 1990 年 11 月至 1992 年 11 月间，每月采集 1～2 次，繁殖高峰期一周采集一次。从每次采集的标本中取 10～15 个，解剖观察其性腺外形，取少许生殖腺压片镜检，并随机雌雄各取 3 个，取材，用 Bouins 液固定，石蜡包埋，切片厚度为 6～10μm，所有切片均用 Delafield 苏木精-伊红染色（赵志江，1991）。

6.6.2 结果

6.6.2.1 性腺发育

日本镜蛤的性腺发育依肉眼观察、生殖细胞发生的规律及其滤泡的变化，分为以下 5 个时期（齐秋贞，1988；Lee，1988；Heffernan，1989；Lubet，1988）。

（1）增殖期。肉眼观察，性腺开始出现于内脏团表面，仅能见到很薄的一层，颜色浅淡，呈半透明状，主要分布于消化腺两侧。除性腺出现区以外，其他区域仍透明。可透视到褐色消化腺。外观无法区别雌雄。从精巢组织切片（图 6-15a）可以看到，结缔组织逐步形成滤泡，滤泡数量越来越多，大小不等，形状各异，但以圆形、椭圆形居多。着色较浅的滤泡壁细胞间夹杂有着色较深的精原细胞，其核明显大于滤泡壁细胞核，几乎占据整个精原细胞，而且核仁明显。滤泡腔中空，部分精原细胞进入腔内。滤泡壁细胞分裂旺盛。此期卵巢组织切片（图 6-15g）可见，滤泡出现，形状各异，以长椭圆形较多，滤泡壁细胞向滤泡腔内有不同程度的延伸，其细胞间夹有卵原细胞，处在活泼分裂期，卵原细胞不断从滤泡壁分裂增殖，逐渐形成不连续的一层。并出现少量未形成卵黄的卵母细胞和卵黄前期卵母细胞，但所占比例不到 8%，卵原细胞直径为 9.4～15.0μm，核平均直径为 6μm。

（2）生长期。性腺逐渐增大，向腹面扩展，覆盖内脏团的 1/3～2/3。此期与增殖期无明显的界限，很难从内脏团表面上把这两个时期区别出来。但此期雌雄生殖腺的颜色略有差别，雌性生殖腺为乳白色，雄性为淡黄色；从精巢组织切片（图 6-15b）可见，滤泡数量增多，体积增大，结缔组织相对减少，滤泡壁增厚，由多层细胞组成，排列紧密，形成的精母细胞和精细胞填充到增大的滤泡腔中，精母细胞较多。到本期末，滤泡腔中已有少量成熟的精子。从此期卵巢组织切片（图 6-15h）可见，滤泡增大、增多，出现较大的卵黄期卵母细胞，占滤泡中细胞的 9% 以上。卵母细胞多呈梨形，以卵柄与滤泡壁相连。到本期末，滤泡腔内开始出现成熟的卵。卵母细胞的直径为 21.2～32.0μm，核平均直径为 13.4μm，核仁在此期最为明显（图 6-15l），核仁平均直径为 4.8μm。

（3）成熟期。性腺继续发育，几乎扩展到内脏团的背缘和腹缘，遮盖了内脏团的 3/4 至全部，看起来性腺很饱满。雌雄性腺颜色有了较明显的差异，分别为乳白色和淡黄色。压片镜检可见大量的游离卵或精子。此期精巢组织切片（图 6-15c）可见，滤泡腔几乎无空隙，其内充满成熟的精子和少量精细胞及精母细胞，精子占腔中细胞的 50% 以上。精子呈明显的辐射状排列，顺向输精小管，仍有滤泡壁细胞分化为精原细胞，但数量较少。精子的形成几乎是同步的。由此期卵巢组织切片（图 6-15i）可见，滤泡多而密，腔中充满成熟的卵细胞，占滤泡内细胞的 80% 左右。滤泡壁很薄，结缔组织很少。卵细胞平均直径为 $41.1\mu m$，核平均直径为 $19.4\mu m$，核仁平均直径为 $5.6\mu m$，都较生长期的卵母细胞明显增大。

（4）排放期。性腺饱满，已遮盖整个内脏团，并延伸到足部。手指轻压性腺有弹性感。排放一次后，性腺迅速萎缩，但仍有卵或精子。雌雄区别仍较明显。由此期精巢组织切片（图 6-15d）可见，滤泡腔内充满成熟的精子，辐射状排列更为明显，精子头部朝向滤泡壁，尾部朝向输精小管。随着精子的排放，滤泡开始出现大小不等的空腔，精子呈流水状排列，精子数量已显著减少。由于精子排列疏松，其形态看得比较清楚，头部呈尖辣椒状，尾部较长（图 6-15f）。由此期卵巢组织切片（图 6-15j）可见，随着卵的排出，卵数量减少，有的滤泡已排空，有的仅剩下几个卵，出现大小不等的空腔。许多滤泡壁因排卵而破裂，有时使几个滤泡的腔相通。同时，滤泡体积开始缩小，滤泡间结缔组织开始增多。

（5）休止期。内脏团表面透明，无性腺分布，体质消瘦，无法区别雌雄。由此期精巢组织切片（图 6-15e）可见，精子排完后，滤泡变为一大空腔，滤泡壁薄。随后，滤泡逐渐缩小、减少直到消失。同时，结缔组织增生填充到各个空隙。由此期卵巢组织切片（图 6-15k）可见，卵子排空后，滤泡变为形状不规则的空腔，并开始萎缩退化。滤泡间结缔组织增生，滤泡间隙增大，一直到滤泡完全消失，性腺发育完成一个周期。

6.6.2.2 生殖周期

经过连续两年共计 288 个标本的显微观察，结果表明，日本镜蛤满 1 龄成熟，一年繁殖一次。由于其生殖细胞发育比较同步，分期比较清晰，因此其繁殖期比较集中。其中 1 龄贝与 2 龄以上贝的繁殖周期略有差异。2 龄以上贝，8 月下旬至翌年 3 月上旬处于增殖期，其中 8 月下旬到 10 月下旬，生殖细胞增殖较快，从 10 月底到翌年 3 月上旬，性腺变化很小。此期比较消瘦，从外形上无法区别雌雄，表层水温 1～28.5 ℃。3 月中旬至 4 月中旬，2 龄以上贝处于生长期，此期持续时间较短，性腺变化较快，本期末，从性腺外形上已能区别雌雄，表层水温 4～12.5 ℃。4 月下旬至 7 月中旬，2 龄以上贝为成熟期，生殖腺非常饱满，解剖性腺，肉眼可见颗粒状卵子。本期末，人工刺激或诱导可使其排卵放精，此期表层水温 13.5～27.5 ℃。7 月下旬至 8 月上旬较短一段时间内，2 龄以上贝为排放期。一般在较短时间内集中排空，排放个体生殖腺迅速萎缩，但滤泡内仍有精子或卵子，仍能区别雌雄，此期表层水温最高，为 27.5～28.5 ℃。8 月中旬至下旬，很短一段时间内，2 龄以上贝处于休止期，此期内极为消瘦，看不到生殖腺，更无法区别雌雄，表层水温 28.0～

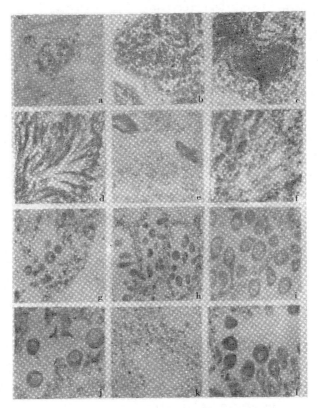

图 6-15　日本镜蛤的性腺发育过程照片

注：a、b、c、d、e 分别为增殖期、生长期、成熟期、排放期和休止期的雄性
滤泡，×264；f 为精子形态，×660；h、i、j 分别为生长期、成熟期和排放期的雌
性滤泡，×132；g、k、l 分别为增殖期、休止期和生长期的雌性滤泡，×264。

28.5 ℃。经很短的休止期后，很快进入下一个生殖周期。

1 龄贝，当年个体很小，贝壳生长较快，而无性腺发育，直到翌年 3 月初
仍无性腺。进入 3 月后，性腺开始发育，3 月上旬至 4 月上旬处于增殖期。其
他各期较 2 龄以上贝略为拖后。4 月中旬到 5 月 30 上旬为生长期，5 月中旬至
8 月上旬为成熟期，8 月中旬至 9 月上旬为排放期，9 月中旬至 10 月上旬为休
止期，10 月中旬后进入下一个生殖周期。

性腺发育周期与水温有密切的关系。烟台芝罘湾海区 11 月至第二年 3 月，
表层水温较低，性腺几乎停止发育，一直处于增殖期。4～5 月，水温上升很
快，底栖硅藻等大量繁殖，饵料丰富，也是日本镜蛤性腺发育最快的时期。
7～8 月水温最高，也正是其繁殖高峰期，这与日本镜蛤是亚热带种，排放精
卵需要较高的温度相适应。排空后，因水温高，结缔组织增生很快，因此其休
止期很短，很快进入下一个生殖周期的增殖期。

6.6.3 讨论

关于蛤类中的亚热带种类是否有生殖的周期性问题，多年来，许多学者提出了不同的见解（Quayle，1943；Eliana，1982；Nagahhushanam et al.，1977），迄今尚未正式下结论。日本镜蛤尽管属亚热带种，但生活在水温变化较大的芝罘湾这样的温带环境中，仍具有非常明显且极为规则的周期性，一年繁殖一次，季节性强，繁殖期也比较短。蛤类的繁殖期受到许多内源性和外源性因素的影响，外源因素中的水温对日本镜蛤的生殖周期影响较大。其繁殖期处在水温最高的季节，水温过低时，性腺发育几乎停滞，温度适中的季节其性腺发育最快。这表明，进行日本镜蛤人工育苗时，提高水温会有助于亲贝性腺的成熟及精卵的排放。由于乱采滥捕、过度开发，严重影响了日本镜蛤资源的充分利用。目前世界上许多国家及我国的某些地区已对贝类采取了保护措施，禁止滥捕，限制捕捞的季节、强度和规格，划定保护区，以提高贝类的产量。本研究表明，3～7月，日本镜蛤处在生长期或成熟期，生殖腺饱满，适合捕捞，但应留下足够的亲体；排放期捕捞，影响亲贝繁殖，直接影响后代的数量，此期应禁止捕捞；休止期和增殖期，个体消瘦，也应禁止捕捞。

参 考 文 献

包永波，尤仲杰，2004. 几种环境因子对海洋贝类幼虫生长的影响 [J]. 水产科学（12）：39-41.

毕克，包振民，黄晓婷，等，2004. 菲律宾蛤仔受精及早期胚胎发育过程的细胞学观察 [J]. 水产学报，6：623-627.

蔡娟，2016. pH 对青蛤胚胎发育、幼虫生长及相关酶活性的影响 [D]. 上海：上海海洋大学.

曹伏君，刘志刚，罗正杰，2009. 海水盐度、温度对文蛤稚贝生长及存活的影响 [J]. 应用生态学报，20（10）：2545-2550.

曹善茂，梁伟锋，刘钢，等，2017. 不同生态因子对岩扇贝幼贝耗氧率和排氨率的影响 [J]. 大连海洋大学学报，32（3）：280-286.

曾虹，任泽林，郭庆，1996. 大蒜素在罗非鱼饲料中的应用 [J]. 中国饲料（21）：29-30.

常亚青，张存善，曹学彬，等，2008. 1 龄虾夷扇贝形态性状对重量性状的影响效果分析 [J]. 大连水产学院学报，23（5）：330-334.

陈爱华，姚国兴，张志伟. 2009. 大竹蛏生产性人工繁育试验 [J]. 海洋渔业，31（1）：66-72.

陈爱华，张志伟，姚国兴，等，2008. 环境因子对大竹蛏稚贝生长及存活的影响 [J]. 上海水产大学学报（5）：559-563.

陈冲，王志松，随锡林，1999. 盐度对文蛤孵化及幼体存活和生长的影响 [J]. 海洋科学，（3）：16-19.

陈锦民，康现江，李少菁，等，2004. 锯缘青蟹受精过程核相变化的研究 [J]. 厦门大学学报（自然科学版），5：688-692.

陈觉民，王恩明，李何，1989. 海水中某些化学因子对魁蚶幼虫、稚贝及成贝的影响 [J]. 海洋与湖沼，12（1）：15-21.

陈丽梅，孔晓瑜，喻子牛，等，2005. 3 种蛏类线粒体 *16S rRNA* 和 *COI* 基因片段的序列比较及其系统学初步研究 [J]. 海洋科学，29（8）：27-32.

陈元晓，陈英杰，张闻，等，2009. 云南省 4 种淡水贝类的营养成分和经济价值 [J]. 四川解剖学杂志，17（2）：28-30.

陈志，2013. 波纹巴非蛤幼虫附着变态的诱导及幼贝生长的研究 [D]. 福州：福建师范大学.

成书营，黄桂菊，潘俐玲，等，2012. 盐度对企鹅珍珠贝耗氧率和排氨率的影响. 广东农业科学（16）：135-137.

程汉良，周旻纯，陈冬勤，等，2012. 基于 16S rDNA 序列的帘蛤科贝类分子系统发育研究 [J]. 水产科学，31（11）：657-662.

迟淑艳，周歧存，周健斌，等，2007. 华南沿海 5 种养殖贝类营养成分的比较分析 [J]. 水产科学.

戴超，王芳，房子恒，2014. 温度对三疣梭子蟹呼吸代谢及其相关酶活力的影响［J］. 渔业科学进展，35（2）：92-97.

刁石强，李来好，陈培基，等，2000. 马氏珍珠贝肉营养成分分析及评价［J］. 浙江海洋学院学报（自然科学版）（1）：42-46.

丁敬敬，2016. 温度、盐度对羊鲍发育的影响及幼虫附着变态诱导物的研究［D］. 海口：海南大学.

丁玉龙，丁君，丁文君，等，2014. 不同饵料模式与投喂方式对中间球海胆性腺营养成分的影响［J］. 大连海洋大学学报，29（6）：638-645.

董辉，王颖，刘亚琼，等，2011. 杂色蛤软体部营养成分分析及评价［J］. 水产学报，35（2）：276-282.

董迎辉，林志华，姚韩韩，2011. 斧文蛤精子超微结构与受精过程的细胞学变化［J］. 水产学报，3：356-364.

杜爱芳，1997. 复方大蒜油添加剂对中国对虾免疫机能的增强作用［J］. 浙江大学学报：农业与生命科学版，23（3）：317-320.

杜美荣，方建光，高亚平，等，2017. 不同贝龄栉孔扇贝数量性状的相关性和通径分析［J］. 水产学报，41（4）：580-587.

樊启昶，白书农，2002. 发育生物学原理［M］. 北京：高等教育出版社.

范超，2016. 盐度和温度对菲律宾蛤仔生长和存活的影响及抗高温配套系选育［D］. 大连：大连海洋大学.

范德朋，潘鲁青，马甡，等，2002. 盐度和 pH 对缢蛏耗氧率及排氨率的影响［J］. 中国水产科学，9（3）：234-238.

方军，闫茂仓，张炯明，等，2008. pH 和氨氮对毛蚶稚贝生长与存活影响的初步研究［J］. 浙江海洋学院学报（自然科学版），27（3）：281-285.

房文红，王慧，来琦芳，等，2001. 碳酸盐碱度、pH 对中国对虾幼虾的致毒效应［J］. 中国水产科学，7（4）：78-81.

高玮玮，袁媛，潘宝平，等，2009. 青蛤（Cyclina sinensis）贝壳形态性状对软体部重的影响分析［J］. 海洋与湖沼，40（2）：166-169.

顾润润，于业邵，蔡友琼，2006. 青蛤的营养成分分析与评价［J］. 动物学杂志，41（3）：70-74.

顾晓英，尤仲杰，王一农，1998. 几种环境因子对彩虹明樱蛤 Moerella iridescens 不同发育阶段的影响［J］. 东海海洋（3）：41-48.

郭彪，王芳，董双林，等，2008. 温度突变对凡纳滨对虾己糖激酶和丙酮酸激酶活力以及热休克蛋白表达的影响［J］. 中国水产科学，15（5）：887-888.

郭海燕，王昭萍，于瑞海，等，2007. 温度、盐度对大西洋浪蛤耗氧率和排氨率的影响［J］. 中国海洋大学学报，37（Sup.）：185-188.

郭俊生，赵法假，周全，1990. 大豆高产低芳氨基酸混合物在肝动不全治疗中的应用［J］. 营养学报，12（2）：128-133.

郭文学，闫喜武，马贵范，等，2012. 两种四角蛤蜊（Mactra veneriformis）壳内色品系选育初探［J］. 海洋与湖沼，43（2）：262-267.

郭文学，闫喜武，肖露阳，等，2013. 中国蛤蜊壳形态性状对体质量性状的影响［J］. 大连海洋大学学报，28（1）：49-54.

郭文学，2012. 四角蛤蜊和中国蛤蜊繁殖生物学、养殖生态学与品种选育研究［D］. 大连：
　　大连海洋大学.

韩自强，李琪，2017. 长牡蛎壳橙品系形态性状与体质量的相关及通径分析［J］. 中国海洋
　　大学学报（自然科学版），47（12）：46-52.

郝振林，丁君，贲月，等，2013. 高温对虾夷扇贝存活率，耗氧率和排氨率的影响［J］. 大
　　连海洋大学学报，28（2）：138-142.

何建瑜，赵荣涛，刘慧慧，2012. 舟山海域厚壳贻贝软体部分营养成分分析与评价［J］. 南
　　方水产科学，8（4）：37-42.

何进金，齐秋贞，韦信敏，等，1981. 菲律宾蛤仔幼虫食料和食性的研究［J］. 水产学报，
　　5（4）：275- 284.

何进金，韦信敏，许章程，1986. 缢蛏稚贝饵料底质的研究［J］. 水产学报，10（1）：
　　29- 39.

何庆权，周永坤，2000. 合浦珠母贝优质贝苗培育的技术措施［J］. 中国水产（2）：34-35.

何义朝，张福绥，1990. 盐度对海湾扇贝不同阶段发育的影响［J］. 海洋与湖沼，21（3）：
　　197-102.

何义朝，张福绥，1999. 墨西哥湾扇贝稚贝对盐度的耐受力［J］. 海洋学报，21（4）：
　　87-91.

吉红九，于志华，姚国兴，等，2000. 几项生态因子与文蛤幼苗生长的关系［J］. 海洋渔
　　业，22（1）：17-19.

姜宏波，宋忠涛，包杰，等，2014. 不同温度及突变方式对菲律宾蛤仔耗氧率的影响［J］.
　　沈阳农业大学畜牧兽医学院，3：5-8.

姜娓娓，2017. 扇贝和皱纹盘鲍对温度变化的生理响应研究［D］. 北京：中国科学院大学
　　（中国科学院海洋研究所）.

姜祖辉，王俊，唐启升，1999. 菲律宾蛤仔生理生态学研究［J］. 海洋水产研究，20（1）：
　　40-44.

蒋涛涛，施育彦，姚韩韩，等，2013. 泥蚶壳形态性状对活体重和软体部重的影响［J］. 江
　　苏农业科学，41（5）：200-202.

金春华，2005. 温度和盐度对青蛤耗氧率和排氨率的影响［J］. 丽水学院学报，27（2）：
　　46-51.

金启增，魏贻尧，姜卫国，1982. 合浦珠母贝人工育苗的研究Ⅱ幼虫和幼苗的培养［J］. 南
　　海科学集刊，（3）：99-110.

康伟伟，2011. 河北昌黎海水养殖对海洋生态环境影响研究［D］ 石家庄：河北师范大学.

孔宁，2016. 温度、盐度对皱纹盘鲍"97"选群生长发育的影响［D］. 中国科学院研究生院
　　（海洋研究所）.

雷霁霖，梁萌青，刘新富，等，2008. 大菱鲆营养成分与食用价值研究概述［J］. 海洋水产
　　研究，29（4）：112-115.

黎筠，王昭萍，于瑞海，等，2008. 紫石房蛤壳性状对活体重影响的定量分析［J］. 海洋水
　　产研究，29（6）：71-77.

李朝霞，王春德，2009. 海湾扇贝自交与杂交子代的生长比较和通径分析［J］. 中国农学
　　报，25（6）：282-285.

李大成，刘忠颖，王笑月，等，2003. 培育密度对菲律宾蛤仔浮游幼虫生长与成活的影响
　　[J]. 水产科学，3：29-30.

李华琳，李文姬，张明，2004. 培育密度对长牡蛎面盘幼虫生长影响的对比试验 [J]. 水产
　　科学，6：20-21.

李金碧，龚世园，喻达辉，2009. 温度和盐度对栉江珧耗氧率和排氨率的影响 [J]. 安徽农
　　业科学，37（5）：2016-2018.

李慷均，顾成柏，2015. 厚壳贻贝的北方人工繁育技术 [J]. 水产养殖，36（8）：35-37.

李丽，陶平，安凤飞，2003. 大连沿海 8 种双壳类贝的营养成分分析 [J]. 中国公共卫生管
　　理（2）：153-155.

李莉，郑永允，徐科凤，等，2015. 不同贝龄毛蚶壳形态性状对体质量的影响 [J]. 海洋科
　　学，39（6）：54-58.

李苹苹，刘淑英，李鹏，2012. 公共营养学实务 [M]. 北京：化学工业出版社.

李苹苹，2014. 五种经济贝类的营养成分及蛋白质质量分析 [J]. 食品研究与开发，35
　　（15）：99-101.

李琼珍，陈瑞芳，童万平，等，2004. 盐度对大獭蛤胚胎发育的影响 [J]. 广西科学院学
　　报，20（1）：33-34.

李世英，鲁男，蒋双，1996. 温度和盐度对滑顶鸟蛤面盘幼虫存活和生长的影响 [J]. 大连
　　水产学院学报，11（2）：66-69.

李晓英，李勇，周淑青，等，2010. 两种淡水螺肉的营养成分分析与评价 [J]. 食品科学，
　　31（13）：276-279.

李阅兵，刘承初，陈苏，等，2011. ω-3 脂肪酸及磷脂酰丝氨酸的益智作用研究进展 [J].
　　中国油脂，36（9）：51-55.

李阅兵，孙立春，刘承初，等，2012. 几种海水和淡水贝类的大宗营养成分比较研究 [J].
　　上海海洋大学学报，21（2）：297-303.

励炯，2007. 厚壳贻贝的营养指标评价及其抗炎机理探究 [D]. 杭州：浙江大学.

栗志民，刘志刚，王辉，等，2011a. 企鹅珍珠贝主要经济性状对体重的影响效果分析 [J].
　　海洋与湖沼，42（6）：798-803.

栗志民，刘志刚，徐法军，等，2011b. 体重、温度和盐度对皱肋文蛤耗氧率和排氨率的影
　　响 [J]. 海洋科学进展，29（4）：512-520.

栗志民，刘志刚，姚茹，等，2010. 温度和盐度对皱肋文蛤幼贝存活与生长的影响 [J]. 生
　　态学报，30（13）：3406-3413.

梁飞龙，王钦贵，邓岳文，等，2017. 培育密度对大珠母贝受精卵的孵化率及不同期幼虫生
　　长率、成活率与变态率的影响 [J]. 海洋湖沼通报（6）：75-81.

梁玉波，张福绥，2008. 温度、盐度对栉孔扇贝胚胎和幼虫的影响 [J]. 海洋与湖沼，4
　　（39）：334-339.

林笔水，吴天明，1984. 温度和盐度对缢蛏浮游幼虫发育的影响 [J]. 生态学报，4（4）：
　　385- 392.

林笔水，吴天明，1983. 温度和盐度对菲律宾蛤仔稚贝生长及发育的影响 [J]. 水产学报，
　　7（1）：15- 23.

林君卓，许振祖，1997. 温度和盐度对文蛤幼体生长发育的影响 [J]. 福建水产（1）：
　　27-33.

林清，王亚骏，王迪文，等，2014. 太平洋牡蛎和葡萄牙牡蛎养殖群体数量性状比较分析 [J]. 海洋通报，33（1）：106-111.

林志华，柴雪良，方军，等，2002. 硬壳蛤对环境因子的适应性实验 [J]. 宁波大学学报：自然科学版，15（1）：19-22.

林志华，柴雪良，方军，等，2002. 文蛤工厂化育苗技术 [J]. 上海水产大学学报，11（3）：242-247.

林志华，方军，牟哲松，等，2000. 大西洋浪蛤（*Spisula solidissima*）生态习性初步观察 [J]. 青岛海洋大学学报，2（2）：242-246.

刘超，郭景兰，彭张明，等，2015. 施氏獭蛤稚贝对高温和干露的耐受性研究 [J]. 水产科学，3：169-173.

刘辉，张兴志，鹿瑶，等，2015. 菲律宾蛤仔橙色品系壳形态性状对质量性状的通径及多元回归分析 [J]. 大连海洋大学学报，30（5）：514-518.

刘慧，唐启升，2011. 国际海洋生物碳汇研究进展 [J]. 中国水产科学，18（3）：695-702.

刘俊，张燕平，戴志远，等，2008. 贝类多糖的生物活性及其制备技术研究进展 [J]. 渔业现代化（35）：34-38.

刘敏，2015. 不同温度和盐度对施氏獭蛤消化酶和免疫酶活力的影响 [D]. 湛江：广东海洋大学.

刘琦，边忠芳，董振国，1996. 日本镜蛤的生药学研究 [J]. 长春中医学院学报（4）：58.

刘巧林，谢帝芝，徐丽娟，等，2009. 贝类消化酶的研究进展 [J]. 饲料博览（9）：20-22.

刘书成，李德涛，高加龙，等，2009. 近江牡蛎等 3 种贝类的脂类成分分析 [J]. 水产学报，33（4）：666-671.

刘文广，林坚士，何毛贤，2012. 不同贝龄华贵栉孔扇贝数量性状的通径分析 [J]. 南方水产科学，8（1）：43-48.

刘小林，常亚青，相建海，2002. 栉孔扇贝壳尺寸性状对活体重的影响效果分析 [J]. 海洋与湖沼，33（6）：673-678.

刘小林，吴长功，张志怀，等，2004. 凡纳对虾形态性状对体重的影响效果分析 [J]. 生态学报（4）：857-862.

刘勇，施坤涛，张少华，等，2007. 双壳贝类呼吸代谢的研究进展 [J]. 南方水产，3（4）：65-69.

刘志刚，王辉，孙小真，等，2007. 马氏珠母贝经济性状对体重决定效应分析 [J]. 广东海洋大学学报（4）：15-20.

刘志刚，章启忠，王辉，2009. 华贵栉孔扇贝主要经济性状对闭壳肌重的影响效果分析 [J]. 热带海洋学报，28（1）：61-66.

楼允东，1996. 组织胚胎学 [M]. 2 版. 北京：中国农业出版社.

陆雅凤，赵晟，徐梅英，等，2015. 东极厚壳贻贝养殖群体表型性状的相关与通径分析 [J]. 安徽农业科学，43（3）：147-150.

鹿瑶，刘辉，聂鸿涛，等，2015. 辽宁沿海薄片镜蛤的繁殖周期研究 [J]. 大连海洋大学学报，30（6）：647-652.

路允良，王芳，董双林，等，2012a. 盐度对三疣梭子蟹成熟前后呼吸代谢的影响 [J]. 水产学报，36（9）：1393-1397.

路允良，王芳，赵卓英，等，2012b. 盐度对三疣梭子蟹生长、蜕壳及能量利用的影响 [J].

中国水产科学，19（2）：271-278.

罗明明，2012. 几种环境因子对马氏珠母贝幼虫和稚贝生长、存活和 RNA/DNA 比值的影响 [D]. 湛江：广东海洋大学.

吕晓燕，2013. 熊本牡蛎人工繁育与长牡蛎单体苗种培育技术研究 [D]. 青岛：中国海洋大学.

马英杰，张志峰，马爱军，等，1996. 黄、渤海几种海产无脊椎动物蛋白质和氨基酸含量分析 [J]. 海洋科学（6）：8-10.

毛江静，童巧琼，曹潇，等，2017. 厚壳贻贝人工促熟与自然成熟亲贝的肥满度与营养成分比较 [J]. 生物学杂志，34（5）：53-56.

毛玉英，陈玉新，冯志哲，1993. 紫贻贝营养成分分析 [J]. 上海水产大学学报（4）：220-223.

缪凌鸿，刘波，何杰，等，2010. 吉富罗非鱼肌肉营养成分分析与品质评价 [J]. 上海海洋大学学报，19（5）：635-641.

聂鸿涛，李文昊，李东东，等，2017. 温度和盐度对加州扁鸟蛤（*Clinocardium californiense*）呼吸代谢酶活性的影响 [J/OL]. 经济动物学报：1-6 [2018-03-24].

牛泓博，聂鸿涛，赵力强，等，2015. 辽宁沿海菲律宾蛤仔不同地理群体形态差异研究 [J]. 海洋科学，39（11）：54-60.

潘英，陈锋华，李斌，等，2008. 管角螺对几种环境因子的耐受性试验 [J]. 水产科学，27（11）：566-569.

彭静，廖文根，赵奎霞，等，2006. 水环境承载的可持续性评价指标体系研究 [J]. 水资源保护，6：14-17，24.

齐秋贞，1988. 菲律宾蛤仔的生长发育 [J]. 水产学报，12（1）：1-11.

任素莲，王德秀，绳秀珍，等，2000. 栉孔扇贝受精过程的细胞学观察 [J]. 海洋湖沼通报，5（1）：24-29.

任素莲，王德秀，王如才，等，1999. 太平洋牡蛎受精过程中的精核扩散与成熟分裂 [J]. 海洋湖沼通报，4（1）：34-39.

任轶，侯荣，冯慧，王璐，等，2015. 物种鉴定中的 DNA 分析方法 [J]. 陕西农业科学，61（10）：61-64.

阮飞腾，高森，李莉，等，2014. 山东沿海魁蚶繁殖周期与生化成分的周年变化 [J]. 水产学报，38（1）：47-55.

阮飞腾，2014. 魁蚶繁殖生物学及人工苗种繁育技术的研究 [D]. 青岛：中国海洋大学.

沈伟良，尤仲杰，施祥元，2009. 温度与盐度对毛蚶受精卵孵化及幼虫生长的影响 [J]. 海洋科学，33（10）：5-8.

沈伟良，尤仲杰，施祥元，2007. 饵料种类和密度对毛蚶浮游幼虫生长的影响 [J]. 河北渔业，9：18-20，23.

沈亦平，刘汀，姜海波，等，1993. 合浦珠母贝受精细胞学观察 [J]. 武汉大学学报：自然科学版（5）：115-120.

宋坚，程龙，常亚青，等，2014. 偏顶蛤不同组织营养成分的分大学学报析及评价 [J]. 大连海洋大学学报，29（2）：167-170.

宋坚，张伟杰，常亚青，等，2010. 硬壳蛤形态性状对活体重的影响效果分析 [J]. 安徽农业大学学报，37（2）：273-277.

苏秀榕，李太武，李明进，1997a. 扇贝营养成分的研究 [J]. 海洋科学（2）：10-11.

苏秀榕，李太武，丁明进，1998. 紫贻贝和厚壳贻贝营养成分的研究 [J]. 中国海洋药物，（2）：30-32.

苏秀榕，张健，李太武，等，1997. 两种贻贝营养成分的研究 [J]. 辽宁师范大学学报（自然科学版）（3）：66-70.

孙丁昕，2017. 应用 DNA 条形码技术对一起餐饮纠纷事件的不明生物物种鉴定 [J]. 农业灾害研究，7（3）：61-62.

孙虎山，黄荣清，1993. 日本镜蛤的性腺发育和生殖周期 [J]. 烟台师范学院学报，9（3）：68-72.

孙虎山，许高君，董小卫，等，1999. pH 对紫彩血蛤幼虫发育的影响 [J]. 中国水产科学，6（1）：54-65.

孙慧玲，方建光，王清印，等，2000. 泥蚶受精过程的细胞学荧光显微观察 [J]. 水产学报，24（2）：104-107.

孙同秋，曾海祥，郑小东，等，2013. 丹东青蛤野生群体数量性状的相关分析 [J]. 大连海洋大学学报，28（2）：171-173.

孙秀俊，李琪，2012. 不同盐度和培育密度对杂交刺参幼体生长发育的影响 [J]. 中国海洋大学学报，42：54-59.

孙远明，2006. 食品营养学 [M]. 北京：科学出版社.

孙泽伟，郑怀平，杨彦鸿，等，2010. 近江牡蛎养殖群体数量性状间的相关及通径分析[J]. 中国农学通报，26（6）：332-336.

谭杰，陈振江，刘付少梅，等，2016. 温度和盐度对大珠母贝稚贝存活和生长的互作效应 [J]. 广东海洋大学学报，36（6）：44-51.

陶易凡，强俊，王辉，等，2016. 高 pH 胁迫对克氏原螯虾的急性毒性和鳃、肝胰腺中酶活性及组织结构的影响 [J]. 水产学报，40（11）：1694-1704.

滕爽爽，柴雪良，张炯明，等，2012. 乐清湾围塘养殖泥蚶繁殖周期与环境因子的关系[J]. 中国农学通报，28（35）：75-81.

汪心沅，张德华，季道荣，等，1985. 氨对牡蛎幼虫与幼贝的毒性影响 [J]. 海洋湖沼通报（4）：66- 71.

王成东，聂鸿涛，闫喜武，等，2014. 温度和盐度对薄片镜蛤孵化及幼虫生长与存活的影响 [J]. 大连海洋大学学报，29（4）：364-368.

王成东，聂鸿涛，闫喜武，等，2015. 薄片镜蛤壳形态与重量性状通径分析 [J]. 大连海洋大学学报，30（4）：380-385.

王成东，聂鸿涛，鹿瑶，等，2015. 薄片镜蛤野生群体主要经济性状间的相关性及通径分析 [J]. 大连海洋大学学报，30（4）：380-385.

王成东，2014. 薄片镜蛤壳形态与重量性状通径分析及繁殖生物学初步研究 [D]. 大连：大连海洋大学.

王冲，2013. 栉孔扇贝不同性别间重要经济性状比较及通径分析 [J]. 水产科学，32（8）：441-446.

王丹丽，徐善良，尤仲杰，等，2005. 温度和盐度对青蛤孵化及幼虫、稚贝存活与生长变态的影响 [J]. 水生生物学报（5）：495-501.

王芳，董双林，李德尚，1997. 菲律宾蛤仔和栉孔扇贝的呼吸与排泄研究 [J]. 水产学报，

21 (3)：252-257.

王海涛，王世党，郑春波，等，2010. 薄片镜蛤室内人工育苗技术研究 [J]. 科学养鱼
（4）：36-37.

王海涛，王世宽，等，2009. 薄片镜蛤室内人工育苗技术研究 [J]. 齐鲁渔业，33（46）：
45-46.

王俊，姜祖辉，唐启升，2004. 栉孔扇贝生理能量学研究 [J]. 海洋水产研究，25（3）：
46-53.

王龙，叶克难，2006. 水产蛋白资源的酶解利用研究现状与展望 [J]. 食品科学，27（12）：
807-812.

王洛洋，胡宗仁，纪政，等，2011. 酵母作为水产动物饵料的几点思考 [J]. 科学养鱼，
6：67.

王年斌，马志强，桂思真，1992. 黄海北部凸镜蛤生物学及其生态的调查 [J]. 水产学报，
16（3）：237-246.

王如才，王昭萍，2008. 海水贝类养殖学 [M]. 青岛：中国海洋大学出版社.

王涛，李琪，2017. 不同盐度和温度对熊本牡蛎（*Crassostrea sikamea*）稚贝生长与存活的
影响 [J]. 海洋与湖沼，48（2）：297-302.

王武，2000. 鱼类增养殖学 [M]. 北京：中国农业出版社.

王晔，2016. pH、氨态氮和亚硝酸态氮对日本海神蛤（*Panopea japonica*）早期发育和生长
的影响 [D]. 大连：大连海洋大学.

王茵，刘淑集，苏永昌，等，2011. 波纹巴非蛤的形态分析与营养成分评价 [J]. 南方水产
科学，7（6）：19-25.

王跃红，2009. 青蛤苗种的规模化繁育技术研究 [D]. 南京：南京农业大学.

温伯格 N B，1982. 海洋动物环境生理学 [M]. 宋天复，译. 北京：农业出版社.

翁笑艳，庄凌峰，邱其樱，等，1997. 岐脊加夫蛤幼虫培育密度的初步探讨 [J]. 福建水
产，1：22-26.

巫旗生，宁岳，曾志南，等，2018. 不同贝龄"金蛎1号"福建牡蛎数量性状的相关性和通
径分析 [J]. 厦门大学学报（自然科学版），57（1）：72-78.

吴彪，杨爱国，刘志鸿，等，2010. 魁蚶两个不同群体形态性状对体质量的影响效果分析
[J]. 渔业科学进展，31（6）：54-59.

吴萍，曹振华，杨立荣，等，2001. pH对黄颡鱼生存和生长的影响 [J]. 水利渔业（6）：3-
4+6.

吴杨平，陈爱华，姚国兴，等，2012. 大竹蛏表型性状通径和回归分析 [J]. 南京师大学报
（自然科学版），35（2）：97-102.

吴云霞，梁建，闫喜武，等，2012. 菲律宾蛤仔营养成分分析与评价 [J]. 营养学报，34
（4）：409-411.

肖述，符政君，喻子牛，2011. 香港巨牡蛎雌雄群体的数量性状通径分析 [J]. 南方水产科
学，7（4）：1-9.

肖友翔，2016. 环境因子对日本海神蛤早期生长发育的影响 [D]. 大连：大连海洋大学.

徐凤山，张素萍，2008. 中国海产双壳类图志 [M]. 北京：科学出版社，235-239.

许岚，李琪，孔令锋，等，2017. 温度和盐度对壳黑长牡蛎幼虫生长和存活的影响 [J]. 中
国海洋大学学报（自然科学版），47（8）：44-50.

许友卿，吴卫君，蒋伟明，等，2012. 温度对贝类免疫系统的影响及其机理研究进展 [J]. 水产科学，31 (3)：177-178.

鄢朝，顾志峰，章华忠，等，2012. 华贵栉孔扇贝数量性状的相关性及通径分析 [J]. 南方水产科学，8 (3)：34-38.

闫红伟，2009. 缢蛏和青蛤繁殖生理学的研究 [D]. 青岛：中国海洋大学.

闫喜武，左江鹏，张跃环，等，2008. 薄片镜蛤人工育苗技术的初步研究 [J]. 大连水产学院学报，4：268-272.

闫喜武，左江鹏，张跃环，等，2009. 薄片镜蛤人工育苗的初步研究 [J]. 齐鲁渔业，26 (7)：22-24.

闫喜武，王琰，郭文学，等，2011. 四角蛤蜊形态性状对重量性状的影响效果分析 [J]. 水产学报，35 (10)：1513-1518.

闫喜武，赵生旭，张澎，等，2010. 培育密度及饵料种类对大竹蛏幼虫生长、存活及变态的影响 [J]. 大连海洋大学学报，5：386-390.

闫喜武，2005. 菲律宾蛤仔养殖生物学、养殖技术与品种选育 [D]. 青岛：中国科学院海洋研究所.

杨爱国，王清印，孔杰，等，1999. 栉孔扇贝受精卵减数分裂的细胞学研究 [J]. 中国水产科学，6 (3)：96- 98.

杨代勤，陈芳，肖海洋，等，2001. pH 对黄鳝生存和生长的影响 [J]. 水利渔业 (1)：13.

杨凤，谭文明，闫喜武，等，2012. 干露及淡水浸泡对菲律宾蛤仔稚贝生长和存活的影响 [J]. 水产科学，3：143-146.

杨凤，闫喜武，张跃环，等，2010. 大蒜对菲律宾蛤仔早期生长发育的影响 [J]. 生态学报30 (4)：989-994.

杨凤，2003. 皱纹盘鲍自污染及其幼鲍及存活率的影响 [J]. 大连水产学院学报，18 (1)：2-6.

杨建敏，邱盛尧，郑小东，等，2003. 美洲帘蛤软体部营养成分分析及评价 [J]. 水产学报，27 (5)：495-498.

杨晋，陶宁萍，王锡昌，2007. 文蛤的营养成分及其对风味的影响 [J]. 中国食物与营养，(5)：43-45.

杨蕊，赵旺，张欣，等，2017. 华贵栉孔扇贝两个群体的养殖效果评价及通径分析 [J]. 水产科技情报，44 (1)：20-24.

杨月欣，王光亚，潘兴昌，2010. 中国食物成分表 2010 [M]. 北京：北京大学医学出版社.

叶乐，赵旺，王雨，吴开畅，2015. 盐度与 pH 对长肋日月贝幼虫存活及生长的影响 [J]. 南方农业学报，46 (9)：1698-1703.

尤仲杰，陆彤霞，马斌，等，2003. 几种环境因子对墨西哥湾扇贝幼虫和稚贝生长与存活的影响 [J]. 热带海洋学报，22 (3)：22-29.

尤仲杰，徐善良，边平江，等，2001. 海水温度和盐度对泥蚶幼虫和稚贝生长及存活的影响 [J]. 海洋学报，23 (6)：167-172.

于瑞海，王昭萍，孔令锋，等，2006. 不同发育期的太平洋牡蛎在不同干露状态下的成活率研究 [J]. 中国海洋大学学报（自然科学版），4：617-620.

余友茂，1986. 滩涂底质与贝类养殖关系的探讨 [J]. 福建水产，03：56-62.

元冬娟，邵正，程小广，等，2009. 冬、夏季 6 种经济贝类脂肪酸组成 [J]. 南方水产，5（4）：47-53.

袁卫，庞皓，曾五一，2000. 统计学 [M]. 北京：高等教育出版社.

袁志发，周敬芋，郭满才，等，2001. 决定系数-通径系数的决策指标 [J]. 西北农林科技大学学报（自然科学版），29（5）：131- 133.

袁志发，周敬芋，2002. 多元统计分析 [M]. 北京：科学出版社.

张安国，李太武，苏秀榕，等，2006. 不同地理群体种群文蛤的营养成分研究 [J]. 水产科学，25（2）：79-81.

张超，佟广香，匡友谊，等，2014. 哲罗鲑、细鳞鲑及其杂交种肌肉的营养成分分析 [J]. 大连海洋大学学报 . 29（2）：171-174.

张存善，常亚青，曹学彬，等，2009. 虾夷扇贝体形性状对软体重和闭壳肌重的影响效果分析 [J]. 水产学报，33（1）：87-94.

张国范，闫喜武，2010. 蛤仔养殖学 [M]. 北京：科学出版社.

张焕，宋国斌，齐晓陆，等，2013.pH 和氨氮对魁蚶稚贝生长与存活的影响 [J]. 中国农业信息（13）：139-140.

张继红，方建光，唐启升，2005. 中国浅海贝藻养殖对海洋碳循环的贡献 . 地球科学进展 [J]. 20（3）：359-365.

张继红，2008. 滤食性贝类养殖活动对海域生态系统的影响及生态容量评估 [D]. 青岛：中国科学院海洋研究所 .

张金宗，陈瑞平，2004. 池塘淤泥过多对养鱼的危害及化解办法 [J]. 广东饲料，12（5）：39-40.

张粱，2003. 大蒜素对嗜水气单胞菌的药效学研究 [J]. 水利渔业，23（6）：49-50.

张浦英，1997. 酸性水对几种主要淡水鱼类的影响 [J]. 水生生物学报，21（1）：41-48.

张善发，邓岳文，王庆恒，等，2008. 几种饵料对华贵栉孔扇贝浮游幼虫生长和成活率的影响 [J]. 水产科学，4：184-186.

张涛，杨红生，刘保忠，等，2003. 环境因子对硬壳蛤（*Mercenaria mercenaria*）稚贝成活率和生长率的影响 [J]. 海洋与湖沼，34（2）：142-149.

张伟杰，常亚青，丁君，等，2013. 日本镜蛤（*Dosinia japonica* Reeve）壳尺寸与重量性状的相关与回归分析 [J]. 海洋与湖沼，44（3）：796-800.

张细权，李加琪，杨关福，1997. 动物遗传标记 [M]. 北京：中国农业大学出版社.

张旭峰，杨大佐，周一兵，等，2014. 温度、盐度对香螺幼螺耗氧率和排氨率的影响 [J]. 大连海洋大学学报，29（3）：251-255.

张学雷，2003. 滤食性贝类与环境间的相互影响及其养殖容量研究 [D]. 青岛：中国海洋大学 .

张雨，2012. 不同壳色文蛤的养殖效应、早期发育生长以及消化酶活性比较 [D]. 上海：上海海洋大学 .

张媛，方建光，毛玉泽，等，2007. 温度和盐度对橄榄蚶耗氧率和排氨率的影响 [J]. 中国水产科学，14（4）：690-694.

张跃环，闫喜武，杨凤，等，2008. 菲律宾蛤仔（*Ruditapes philippinarum*）大连群体两种壳形家系生长发育比较 [J]. 生态学报，25（9）：4247-4252.

赵凯，2000. 动物遗传标记概述 [J]. 青海大学学报（自然科学版），18（3）：10-13.

赵鹏，丁君，常亚青，等，2011. 两种壳色虾夷扇贝壳体尺性状对活体重影响效果的分析 [J]. 大连海洋大学学报，26（1）：1-5.

赵文，王雅倩，魏杰，等，2011. 体重和盐度对中国蛤蜊耗氧率和排氨率的影响 [J]. 生态学报（7）：284-289.

赵玉明，顾润润，于业绍，2005. 海泥附着基的青蛤工厂化育苗试验 [J]. 南方水产，1（1）：54- 56.

赵越，王金海，张丛尧，等，2011. 培育密度及饵料种类对四角蛤蜊幼虫生长、存活及变态的影响 [J]. 水产科学，3：160-163.

赵志江，1991. 波纹巴非蛤的性腺发育和生殖周期. 水产学报，15（1）：1-8.

郑怀平，孙泽伟，张涛，等，2009. 华贵栉孔扇贝 1 龄贝数量性状的相关性及通径分析 [J]. 中国农学通报，25（20）：322-326.

钟硕良，阮金山，吴立峰，等，2008. 厦门海域贝类养殖生态环境质量评价和类别划分研究 [J]. 海洋水产研究，29（6）：15-26.

周光锋，2009. 厚壳贻贝（*Mytilus coruscus Gould*）苗种繁育及幼贝耐毒性研究 [D]. 青岛：中国海洋大学.

周琳，于业绍，陆平，等，1999. 青蛤受精卵和幼虫密度对孵化和生长的影响 [J]. 海洋渔业，4：157-159.

周荣胜，陈德富，陈绍贵，等，1984. 菲律宾蛤仔幼虫食性的研究 [J]. 福建水产（3）：27-29.

庄启谦，2001. 中国动物志软体动物门 [M]. 北京：科学出版社.

Ahmed M，Abbas G，2000. Growth parameters of finfish and shellfish juveniles in the tidal waters of Bhanbhore，Korangi Creek and Miani Hor Lagoon [J]. Pakistan Journal of Zoology，32（1）：21-26.

An H S，Jee Y J，Min K S，et al.，2005. Phylogenetic analysis of six species of Pacific abalone (Haliotidae) based on DNA sequences of 16S rRNA and cytochrome oxidase subunit Ⅰ mitochondrial genes [J]. Mar Biotechnol，7（4）：373-380.

Anderson F E，2000. Phylogeny and historical biogeography of the loliginid squids (Mollusca：Cephalopoda) based on mitochondrial DNA sequence data [J]. Molecular Phylogenetics and Evolution，15（2）：191-214.

Ansell A D，1972. Distribution，growth and seasonal changes in biochemical composition for the bivalve *Donax vittatus* (da Costa) from Kames Bay，Millport [J]. Journal of Experimental Marine Biology and Ecology，10（2）：137-150.

Arellano-Martinez M，Racotta I，Ceballos-Vazquez B P，et al.，2004. Biochemical composition，reproductive activity and food availability of the lion's paw scallop *Nodipecten subnodosus* in the Laguna Ojo de Liebre，Baja California Sur，Mexico [J]. Journal of Shellfish Research，23（1）：15-24.

Barber B J，Blake N J，1981. Energy storage and utilization in relation to gametogenesis in *Argopecten irradians concentricus* (Say) [J]. Journal of Experimental Marine Biology and Ecology，52（2）：121-134.

Bayne B，1976. Aspects of reproduction in bivalve molluscs [J]. Estuarine processes，1：432-448.

Bayne B, 1965. Growth and the delay of metamorphosis of the larvae of *Mytilus edulis* (L.) [J]. Ophelia, 2 (1): 1-47.

Beninger P G, Lucas A, 1984. Seasonal variations in condition, reproductive activity, and gross biochemical composition of two species of adult clam reared in a common habitat: *Tapes decussatus* L. (Jeffreys) and Tapes philippinarum (Adams & Reeve) [J]. Journal of Experimental Marine Biology and Ecology, 79 (1): 19-37.

Berger V J, Kharazova A D, 1997. Mechanisms of salinity adaptations in marine mollusks [J]. Hydrobiologia, 355: 115-126.

Berges J A, Ballantyne J S, 1991. Size scaling of whole-body maximal enzyme activities in aquatic crustaceans [J]. Canadian Journal of Fisheries and Aquatic Sciences, 48 (12): 2385-2394.

Berthelin C, Kellner K, Mathieu M, 2000. Storage metabolism in the Pacific oyster (*Crassostrea gigas*) in relation to summer mortalities and reproductive cycle (West Coast of France) [J]. Comparative Biochemistry and Physiology, Part B: Biochemistry and Molecular Biology, 125 (3): 359-369.

Besnard J Y, Lubet P, Nouvelot A, 1989. Seasonal variations of the fatty acid content of the neutral lipids and phospholipids in the female gonad of *Pecten maximus* L [J]. Comparative Biochemistry and Physiology Part B: Comparative Biochemistry, 93 (1): 21-26.

Botticelli C R, Hisaw Jr F L, Wotiz H H, 1961. Estrogens and progesterone in the sea urchin (*Strongylocentrotus franciscanus*) and pecten (*Pecten hericius*) [J]. Proceedings of the Society for Experimental Biology and Medicine, 106: 887-889.

Buckley L, 1984. RNA-DNA ratio: an index of larval fish growth in the sea [J]. Marine Biology, 80 (3): 291-298.

Carlini D B, Young R E, Vecchione M, 2001. Amolecular phylogeny of the Octopoda (Mollusca: Cephalopoda) evaluated in light of Morphological evidence [J]. Molecular Phylogenetics and Evolution, 21 (3): 388-397.

Camacho A P, Delgado M, Fernández-Reiriz M J, et al, 2003. Energy balance, gonad development and biochemical composition in the clam *Ruditapes decussatus* [J]. Marine Ecology Progress Series, 258: 133-145.

Canapa A, Schiaparelli S, Marota I, et al., 2003. Molecular data from the 16S rRNA gene for the phylogeny of Veneridae (Mollysca: Bivalvia) [J]. Marine Biology, 142 (6): 1125-1130.

Castro N F, De Mattio N D V, 1987. Biochemical composition, condition index, and energy value of Ostrea *peulchana* (D'Orbigny): relationships with the reproductive cycle [J]. Journal of experimental marine biology and ecology, 108 (2): 113-126.

Cawthorn D M, Steinman H A, Witthuhn R C, 2011. Evaluation of the 16S and 12S rRNA genes as universal markers for the identification of commercial fish species in So-uth Africa [J]. Gene, 491 (1): 40-48.

Chávez-villalba J, Barret J, Mingant C, et al., 2002. Autumn conditioning of the oyster Crassostrea gigas: a new approach [J]. Aquaculture, 210 (1): 171-186.

Chávez-villalba J, Pommier J, Andriamiseza J, et al., 2002. Broodstock conditioning of the oyster Crassostrea gigas: origin and temperature effect [J]. Aquaculture, 214 (1): 115-130.

Chen D Y, Longo F J, 1983. Sperm nuclear dispersion coordinate with Meiotic maturation in fertilized Spisula solidissima eggs [J]. Developmental Biology, 99: 217-224.

Clarke A, Rodhouse P G, Holmes L J, et al., 1989. Growth rate and nucleic acid ratio in cultured cuttlefish Sepia officinalis (Mollusca: Cephalopoda) [J]. Journal of Experimental Marine Biology and Ecology, 133 (3): 229-240.

Conover R J, Corner E D S, 1968. Respiration and nitrogen excretion by some marine zooplankton in relation to their life cycles [J]. Journal of the Marine Biological Association of the UK, 48 (1): 49-75.

Cook M A, Guthrie K M, Rust M B, et al., 2005. Effects of salinity and temperature during incubation on hatching and development of lingcod Ophiodon elongatus Girard, embryos [J]. Aquaculture Research, 36: 1298-1303.

Cywinska A, Ball S L, Dewaard J R, 2003. Biological identifications through DNA barcodes [J]. Proc. Biol. Sci, 270 (1512): 313-321.

Darriba S, San Juan F, Guerra A, 2004. Reproductive cycle of the razor clam Ensis arcuatus (Jeffreys, 1865) in northwest Spain and its relation to environmental conditions [J]. Journal of Experimental Marine Biology and Ecology, 311 (1): 101-115.

Darriba S, Sanjuan F, Guerra A, 2005. Energy storage and utilization in relation to the reproductive cycle in the razor clam Ensis arcuatus (Jeffreys, 1865) [J]. ICES Journal of Marine Science: Journal du Conseil, 62 (5): 886-896.

Delgado M, Prez Camacho A, 2005. Histological study of the gonadal development of Ruditapes decussates (L.) (Mollusca: Bivalvia) and its relationship with available food [J]. Scientia Marina, 69 (1): 87-97.

Deng Y, Du X, Wang Q, et al., 2008. Correlation and path analysis for growth traits in F1 population of pearl oyster Pinctada martensii. Marine Science Bulletin, 10 (2): 68-73.

Djangmah J S, Shumway S E, Davenport J, 1979. Effects of fluctuating salinity on the behavior of the west African blood clam Anadara senilis and on the osmotic pressure and Ionic concentrations of the haemolyph [J]. Marine Biology, 50: 209-213.

Donald K M, Kennedy M, Spencer H G, 2005. The phylogeny and taxonomy of austral monodontine topshells (Mollusca: Gastropoda: Trochidae), inferred from DNA sequences [J]. Molecular Phylogenetics and Evolution, 37: 474-483.

Doroudi M S, Southgate P C, Mayer R J, 1999. The combined effects of temperature and salinity on embryos and larvae of the black-lip pearl oyster, Pinctada margaritifera (L.) [J]. Aquaculture Research, 30 (4): 271-277.

Dove M C, O'Connor W A, 2012. Reproductive cycle of Sydney rock oysters, Saccostrea glomerata (Gould 1850) selectively bred for faster growth [J]. Aquaculture, 324-325.

Dridi S, Romdhane M S, Elcafsi m H, 2007. Seasonal variation in weight and biochemical composition of the Pacific oyster, Crassostrea gigas in relation to the gametogenic cycle and environmental conditions of the Bizert lagoon, Tunisia [J]. Aquaculture, 263 (1):

238-248.

Eagar R M C, Stone N M, Dickson P A, 1984. Correlations between shape, weight and thickness of shell in four population of *Venerupis rhomboides* (Pennant) [J]. Journal of Molluscan Studies, 50: 19-38.

Elias M, Hill R I, Willmott K R, et al. , 2007. Limited performance of DNA barcoding in adivers ecommunity of tropical butterflies [J]. Proceedings of the Royal Society: Biological Sciences , 274 : 2881-2889.

Enríquez-Díaz M, Pouvreau S, Chávez-Villalba J, et al. , 2009. Gametogenesis, reproductive investment, and spawning behavior of the Pacific giant oyster *Crassostrea gigas*: evidence of an environment-dependent strategy [J]. Aquaculture International, 17 (5): 491-506.

Epp J, Bricelj V M, Malouf R E, 1988. Seasonal partitioning and utilization of energy reserves in two age classes of the bay scallop *Argopecten irradians irradians* (Lamarck) [J]. Journal of Experimental Marine Biology and Ecology, 121 (2): 113-136.

Farias A, Uriarte I, Varas P, 1997. Nutritional study on the broodstock conditioning of the Chilean scallop, *Aequipecten purpuratus* (Lamarck, 1819) [J]. Revista de Biología Marinay Oceanografía, 32 (2): 127-136.

Fearman J, Moltschaniwskyj N, 2010. Warmer temperatures reduce rates of gametogenesis in temperate mussels, *Mytilus galloprovincialis* [J]. Aquaculture, 305 (1): 20-25.

Folmer O, Black M, Hoeh W, et al. , 1994. DNA primers for amplification of mitochondrial cytochrome coxidase subunit Ⅰ from diverse metazoan invertebrates [J]. Molecular Marine Biologyand Biotechnology, 3: 294-299.

Forcucci D, Lawrence J M, 1986. Effect of low salinity on the activity, feeding, growth and absorption efficiency of *Luidia clathrata* (Echinodermata: Asteroidea) [J]. Marine Biology, 92: 315-321.

Frantzis A, GR Mare A, V Tion G, 1993. Taux de croissance et rapports RNA/DNA chez le bivalve dépositivore Abra ovata nourri à partir de différents détritus [J]. Oceanologica Acta, 16 (3): 303-313.

Freund-Levi Y, Eriksdotter-Jonhagen M, Cederholmt, 2006. ω-3 fatty acid treatment in 174 patients with mild to moderate Alzheimer Disease: Omeg AD study [J]. Archives of Neurology, 63: 1402-1405.

Gabbot P, 1975. Storage cycles in marine bivalve molluscs: A hypothesis concerning the relationship between glycogen metabolism and gametogenesis [C] // Storage cycles in marine bivalve molluscs: a hypothesis concerning the relationship between glycogen metabolism and gametogenesis. Ninth European Marine Biology Symposium. Aberdeen University Press: Aberdeen, UK: 191-211.

Gallucci V F, Gallucci B B, 1982. Reproduction and ecology of the hermaphroditic cockle *Clinocardium nuttallii* (Bivalvia: Cardiidae) in Garrison Bay [J]. Marine Ecology Progress series.

Garlick P J, Burk T L, Swick R W, 1976. Protein synthesis and RNA in tissues of the pig [J]. American Journal of Physiology-Legacy Content, 230 (4): 1108-1112.

Gauthierclerc S, Pellerin J, Amiard J C, 2006. Estradiol-17beta and testosterone concentrations in male and female *Mya arenaria* (*Mollusca bivalvia*) during the reproductive cycle [J]. General & Comparative Endocrinology, 145: 133-139.

Gianluca S, 1997. Effects of trophic and environmental conditions on the growth of *Crassostrea gigas* in culture [J]. Aquaculture (136): 153-164.

Giese A C, 1969. A new approach to the biochemical composition of the mollusc body [J]. Oceanogr Mar Biol Ann Rev, 7: 175-229.

Goffred S K, H urtado L A, Hallam S, et al., 2003. Evolutionary relationships of deep-seavent and cold seep clams (Mollusca: Vesicom yidae) of the "*paciffca/lepta*" species complex [J]. Marine Biology, 142: 311-320.

Gosling E, 2003. Bivalve Molluscs: Biology, Ecology and Culture, Fishing New Books, Oxford, UK.

Habe T, 1997. Systematic of Mollusca in Japan: Bivalvia and Scaphopoda [M]. Tokyo, Hokyoryukan: 147-270.

Han K N, Lee S W, Wang S Y, 2008. The effect of temperature on the energy budget of the Manila clam, *Ruditapes philippinarum* [J]. Aquaculture International, 16 (2): 143-152.

Heffernan P B et al., 1989. Gametogenic cycles of three bivalves in Wassaw Sound Georgla (USA). J Shellfish Res, 8 (2): 327-334.

Holland D, Hannant P, 1973. Addendum to a micro-analytical scheme for the biochemical analysis of marine invertebrate larvae [J]. Journal of the Marine Biological Association of the United Kingdom, 53 (04): 833-883.

Holland D, 1978. Lipid reserves and energy metabolism in the larvae of benthic marine invertebrates [J]. Biochemical and Biophysical Perspectives in Marine Biology, 4: 85-123.

Honkoop P, 2003. Physiological costs of reproduction in the Sydney rock oyster *Saccostrea glomerata* [J]. Oecologia, 135 (2): 176-183.

Huo Z M, Yan X W, Zhao L Q, et al., 2010. Effects of Shell Morphological Traits on the Weight Traits of Manila clam (*Ruditapes philippinarum*) [J]. Acta Ecologica Sinica, 30: 251-256.

Huo Z M, Yan X W, Zhao L Q, et al., 2010. Effects of shell morphological traits on the weight traits of Manila clam (*Ruditapes philippinarum*) [J]. Acta Ecologica Sinica, 30: 251-256.

Ikeda T, 1974. Nutrition ecology of marine zoo plankton. Mem Fac Fish Hokkaido Univ, 22: 1-77.

Ivell R, 1979. The biology and ecology of a brackish lagoon bivalve, *Cerastoderma glaucum Bruguiere*, in an English lagoon, the Widewater, Sussex [J]. Journal of Molluscan Studies, 45 (3): 383-400.

Joaquim S, Matias D, Lopes B, et al., 2008. The reproductive cycle of white clam *Spisula solida* (L.) (Mollusca: Bivalvia): Implications for aquaculture and wild stock management [J]. Aquaculture, 281 (1): 43-48.

Johnson, S B, Waren A, Vrijenhoek R C, 2008. DNA Barcoding of reveals cryptic species

[J]. J. Shellfish Res. , 27 (1): 3-51.

Kang C K, Park M S, Lee P Y, et al. , 2000. Seasonal variations in condition, reproductive activity, and biochemical composition of the Pacific oyster, *Crassostrea gigas* (Thunberg), in suspended culture in two coastal bays of Korea [J]. Journal of Shellfish Research, 19 (2): 771-778.

Kang D H, Hyun C Y, Limpanont Y, et al. , 2007. Annual gametogenesis of the Chinese anapella clam *Coecella chinensis* (Deshayes, 1855) at an upper intertidal sandy beach on the east coast of Jeju, Korea [J]. Journal of Shellfish Research, 26 (2): 433-441.

Ke Q, Li Q, 2013. Annual dynamics of glycogen, lipids, and proteins during the reproductive cycle of the surf clam *Mactra veneriformis* from the north coast of Shandong Peninsular, China [J]. Invertebrate Reproduction & Development, 57 (1): 49-60.

Kim H, 2008. Biochemical and biological functions of docosa hexaenoic acid in the nervous system: modul-ation by ethanol [J]. Chemistry and Physics of Lipids, 153: 34-44.

Kim J J, Kim S C, Hong H C, 2004. Molecular phylogeny of Veneridae (Bivalvia Heteroconchia) on the basis of partialsequences of mitochondrial cytochrome oxidase I [J]. Korean Journal of Malacology , 20 (2): 171-181.

Kim S K, Rosenthal H, Clemmesen C, et al. , 2005. Various methods to determine the gonadal development and spawning season of the purplish Washington clam, *Saxidomus purpuratus* (Sowerby) [J]. Journal of Applied Ichthyology, 21 (2): 101-106.

King T L, Eackles M S, GjetvejJ B, et al. , 1999. Intraspecific phylogeography of *Lasmigona subviridis* (Bivalvia: Unionidae): conservation implications of range discontinuity [J] . Molecular Ecology , 8: S65-S78.

Komaru A, Matsuda H, Yamakawa T, et al. , 1990. Meiosis and fertilization of the Japanese pearl oyster eggs at different temperature observed with a f luorescence microscope [J]. Bulletin of the Japanese Society of Scientific Fisheries, 56 (3): 425-430.

Kuroda T, Habe T. 1981. A catalogue of molluscs of Wakayama prefecture, the province of Kii I. Bivalvia, Scaphopoda and Cephalopoda [M]. Kyoto: Japan,: 264

Kvingedal R, Evans B S, Lind C E , et al. , 2010. Population and family growth response to different rearing location, heritability estimates and genotype×environment interaction in the silverlip pearl oyster (*Pinctada maxima*) [J] . Aquaculture, 304 (1): 1-6.

Lango-Reynoso F, CH Vez-villalba J, Cochard J C, et al. , 2000. Oocyte size, a means to evaluate the gametogenic development of the Pacific oyster, *Crassostrea gigas* (Thunberg) [J]. Aquaculture, 190 (1): 183-199.

Laruelle F, Guillou J, Paulet Y, 1994. Reproductive pattern of the clams, *Ruditapes decussatus* and *R. philippinarum* on intertidal flats in Brittany [J]. Journal of the Marine Biological Association of the United Kingdom, 74 (2): 351-366.

Lee S Y, 1988. The reproductive cycle and sexuality of the green mussel *Perna wiridis* (L) (Bivalvla: Myxilacea) in Vicotoria Harbour, HongKong, [J]. Molluscan Stud, 54 (3): 317- 326.

Li Q, Liu W, Shirasu K, et al. , 2006. Reproductive cycle and biochemical composition of the Zhe oyster *Crassostrea plicatula* Gmelin in an eastern coastal bay of China [J].

Aquaculture，261（2）：752-759.

Li Q，Osada M，Mori K，2000. Seasonal biochemical variations in Pacific oyster gonadal tissue during sexual maturation [J]. Fisheries Science，66（3）：502-508.

Li Y，Qin J G，Li X，et al.，2009. Monthly variation of condition index，energy reserves and antibacterial activity in Pacific oysters，*Crassostrea gigas*，in Stansbury（South Australia）[J]. Aquaculture，286（1）：64-71.

Lin X Z，Zheng X D，Xiao S，et al.，2004. Phylogeny of the cuttlefishes（Mollusca：Cephalopoda）based on mitochondrial COI and 16S rRNA gene sequence data [J]. Acta Oceanologica Sinica，23（4）：699-707.

Liu W，Li Q，Gao F，et al.，2010. Effect of starvation on biochemical composition and gametogenesis in the Pacific oyster *Crassostrea gigas* [J]. Fisheries Science，76（5）：737-745.

Liu W，Li Q，Yuan Y，et al.，2008. Seasonal variations in reproductive activity and biochemical composition of the cockle *Fulvia mutica*（Reeve）from the eastern coast of China [J]. Journal of Shellfish Research，27（2）：405-411.

Longcamp D D，Lubet P，Drosdowsky M，1974. The in vitro biosynthesis of steroids by the gonad of the mussel（*Mytilus edulis*）[J]. General and Comparative Endocrinology，22：116-127.

Longo F J，Mathews L，Hedgecock D，1993. Morphogenesis of maternal and paternal genomes in fertilized oyster eggs（*Crassostrea gigas*）：effects of cytochalas in B at different periods during meiotic maturation [J]. Biological Bulletin，185：197- 214.

Longo F J，1976. Ultrastructural aspects of fertilization in Spiralian eggs [J]. American Zoologist，16：375- 394.

Loosanoff V，Davis H，1952. Temperature requirements for maturation of gonads of northern oysters [J]. The Biological Bulletin，103（1）：80-96.

Lough R G，Gonor J J，1973. A response-surface approach to the combined effects of temperature and salinity on the larval develop of *Adula califoienisis*（Pelecypoda：Mytili dae）. I. Survival and growth of three and fifteen-day old larvae [J]. Marine Biology，22：295-305.

Lucas A，1981. Asaptations écophysiologiques des bivalves aux conditions de culture [J]. Bulletin de la Société d'Ecophysiologie，6：27-35.

Luttmer S J，Longo F J，1988. Sperm nuclear transformations consist of enlargement and condensation coordinate with stages of meiotic maturation in fertilized *Spisula solidissima* oocytes [J]. Developmental Biology，128：86-96.

Machordom A，Araujo R，Erpenbeck D，et al.，2003. Phylogeography and conservation genetics of endangered European M argaritiferidae（Bivalvia：Unionoidea）[J]. Biological J. of the Linnean Societh，78：235-252.

Maynard B T，Kerr L J，Mckiernan J M，et al.，2005. Mitochnodrial DNA sequence and gene organization in the Australian blacklip abalone *Haliotis rubra*（Leach）[J]. Mar Biotechnol，7：645-658.

Milbury C A，Gaffney P M，2005. Complete mitochondrial DNA sequence of the eastern oyster crassostrea virginica [J] . Mar Biotechnol，7：697-712.

Minton R L，Lydeard C，2003. Phylogeny，taxonomy，genetics and global heritage ranks of an imperiled freshwater snail genus *Lithasia* (pleuroceridae) [J]. Molecular Ecology，12：75-87.

Macdonald BA，1988. Physiological energetics of Japanese scallop *Patinopecten yessoensis* larvae [J]. Journal of Experimental Marine Biology and Ecology，120：155-170.

Malcolm C，Bourne，1979. Texture profile analysis [J]. Food Technology，7：62-66.

Mann R，1979. Some biochemical and physiological aspects of growth and gametogenesis in *Crassostrea gigas* and *Ostrea edulis* grown at sustained elevated temperatures [J]. Journal of the Marine Biological Association of the United Kingdom，59 (1)：95-110.

Martínez G，Prez H，2003. Effect of different temperature regimes on reproductive conditioning in the scallop *Argopecten purpuratus* [J]. Aquaculture，228 (1)：153-167.

Martinez G，1991. Seasonal variation in biochemical composition of three size classes of the chilean scallop *Argopecten purpuratus* Lamarck，1819 [J]. The Veliger，34 (4)：335-343.

Mathieu M，Lubet P，1993. Storage tissue metabolism and reproduction in marine bivalves-a brief review [J]. Invertebrate Reproduction and Development，23 (2)：123-129.

Matias D，Joaquim S，Matias A M，et al.，2013. The reproductive cycle of the European clam *Ruditapes decussatus* (L. 1758) in two portuguese populations：Implications for management and aquaculture programs [J]. Aquaculture，406-407：52-61.

Matsutani T，Nomura T. 1987. In vitro effects of serotonin and prostaglandins on release of eggs from the ovary of the scallop，*Patinopecten yessoensis* [J]. General And Comparative Endocrinology，67：111-118.

Mayzalld P，1976. Respiration and nitrogen excretion of zoo plankton Ⅳ. The influence of starvation on the metabolism and biochemical composition of some species [J]. Marine Biology，37：47-58.

Meidel S，Scheibling R E，1998. Annual reproductive cycle of the green sea urchin，*Strongylocentrotus droebachiensis*，in differing habitats in Nova Scotia，Canada [J]. Marine Biology，131 (3)：461-478.

Moss S，1994. Use of nucleic acids as indicators of growth in juvenile white shrimp，*Penaeus vannamei* [J]. Marine Biology，120 (3)：359-367.

Muniz E C，Jacob S A，Helm M，1986. Condition index，meat yield and biochemical composition of *crassostrea bvrasiliana* and *Crassostrea gigas* grown in cabo frio，brazil [J]. Aquaculture，59 (3)：235-250.

Murchie L W，Kerry J P，Linton M，et al.，2005. High pressure processing of shellfish：A review of microbiological and other quality aspects [J]. Innovative Food Science and Emerging Technologies (6)：257-270.

Nagashim A K，Sato M，Kawamata K，et al.，2005. Genetic structure of Japanese scallop population in Hok kaido，analyzed by mitochondrial haplotype distribution [J] . Mar Biotechnol，7：1-10.

Nakata K，Nakano H，Kikuchi H，1994. Relationship between egg productivity and RNA/

DNA ratio in *Paracalanus* sp. In the frontal waters of the kurshio [J]. Marine Biology, 119 (4): 591-596.

Nathalie C M, Noëlle B, Kélig M, et al., 2012. Shell shape analysis and spatial allometry patterns of manila clam (*Ruditapes philippinarum*) in a mesotidal coastal lagoon [J]. Journal of Marine Biology, 28 (6): 1-11.

Navarro E, Iglesias J, Larranag A, 1989. Interannual variation in the reproductive cycle and biochemical composition of the cockle *Cerastoderma edule* from Mundaca Estuary (Biscay, North Spain) [J]. Marine Biology, 101 (4): 503-511.

Navarro J M, 1988. The effects of salinity on the physiological ecology of *Choromytilus chorus* (Molina, 1782) (Bivalvia: Mytilidae) [J]. Journal of Experimental Marine Biology and Ecology, 122 (1): 19-33.

Newell R I, Hilbish T J, Koehn R K, et al., 1982. Temporal variation in the reproductive cycle of *Mytilus edulis* L. (Bivalvia, Mytilidae) from localities on the east coast of the United States [J]. The Biological Bulletin, 162 (3): 299-310.

Nikula R, Vin L R, 2003. Phytogeography of *Cerastoderma glaucum* (Bivlvia: Cardiidae) across Europe: a major break in the Eastern Mediterranean [J]. Marine Biology, 143: 339-350.

Normand J, Le Pennec M, Boudry P, 2008. Comparative histological study of gametogenesis in diploid and triploid pacific oysters (*Crassostrea gigas*) reared in an estuarine farming site in france during the 2003 heatwave [J]. Aquaculture, 282 (1-4): 124-129.

O' Connor W A, Lawler N F, 2004. Salinity and temperature tolerance of embryos and juveniles of the pearl oyster, *Pinctada imbricata* Röding [J]. Aquaculture, 229: 493-506.

O' connor W, 2002. Latitudinal variation in reproductive behavior in the pearl oyster, *Pinctada albina sugillata* [J]. Aquaculture, 209 (1): 333-345.

Ohba S, 1959. Ecological studies in the natural population of a clam, *Tapes japonica*, with special reference to seasonal variations in the size and structure of the population and to individual growth [J]. Biological Journal of Okayama University, 5: 13-42.

Ojea J, Pazos A, Martinez D, et al., 2004. Seasonal variation in weight and biochemical composition of the tissues of *Ruditapes decussatus* in relation to the gametogenic cycle [J]. Aquaculture, 238 (1): 451-468.

Osada M, Nakata A, Matsumoto T, et al., 1998. Pharmacological characterization of serotonin receptor in the oocyte membrane of bivalve molluscs and its formation during oogenesis [J]. Journal Of Experimental Zoology, 281: 124-131.

Osada M, Takamura T, Sato H, et al., 2003. Vitellogenin synthesis in the ovary of scallop, *Patinopecten yessoensis*: control by estradiol-17β and the central nervous system [J]. Journal of Experimental Zoology Part A Comparative Experimental Biology, 299A: 172-179.

Osada M, Tawarayama H, Mori K, 2004. Estrogen synthesis in relation to gonadal development of Japanese scallop, *Patinopecten yessoensis*: gonadal profile and immunolocalization of P450 aromatase and estrogen [J]. Comparative Biochemistry &. Physiology Part B Biochemistry &. Molecular Biology, 139: 0-128.

Park H J, Lee W C, Choy E J, et al. , 2011. Reproductive cycle and gross biochemical composition of the ark shell *Scapharca subcrenata* (Lischke, 1869) reared on subtidal mudflats in a temperate bay of Korea [J]. Aquaculture, 322: 149-157.

Park M S, Kang C K, Lee P Y. 2001. Reproductive cycle and biochemical composition of the ark shell *Scapharca broughtonii* (Schrenck) in a southern coastal bay of Korea [J]. Journal of shellfish Research, 20 (1): 177-184.

Park M S, Lim H J, Jo Q, et al. , 1999. Assessment of reproductive health in the wild seed oysters, *Crassostrea gigas*, from two locations in Korea [J]. Journal of Shellfish Research, 18 (2): 445-450.

Partridge G J, Jenkins G I, 2002. The effect of salinity on growth and survival of juvenile black bream (*Acanthopasgrus butcheri*) [J]. Aquaculture, 210 (1-4): 219-230.

PassamontiI M, Boore J L , Scali V, 2003. Molecular evolution and recombination in gender-associated mitochondrial DNAs of the Manila clam *Tapes philippinarun* [J]. Genetics , 164:603-611.

Paul H, Mark Y S, Tyler S Z, et al. , 2004. Identification of birds through DNA barcodes [J]. PLOS Biol (12): 1657-1663.

Pease A K, 1976. Studies of the relationship of RNA/DNA ratios and the rate of protein synthesis to growth in the oyster, *Crassostrea virginica* [M]. Research and Development Directorate, Marine Ecology Laboratory, Bedford Institute of Oceanography.

Peck L S, Powell D K, Tyler P A, 2007. Very slow development in two Antarctic bivalve molluscs, the infaunal clam *Laternula elliptica* and the scallop *Adamussium colbecki* [J]. Marine Biology, 150 (6): 1191-1197.

Pollero R J, Ré María E, Brenner R R, 1979. Seasonal changes of the lipids of the mollusc *Chlamys tehuelcha* [J]. Comparative Biochemistry And Physiology Part A: Physiology, 64 (2): 257-263.

Pouvreau S, Gangnery A, Tiapari J, et al. , 2000. Gametogenic cycle and reproductive effort of the tropical blacklip pearl oyster, *Pinctada margaritifera* (Bivalvia: Pteriidae), cultivated in Takapoto atoll (French Polynesia) [J]. Aquatic Living Resources, 13 (1): 37-48.

Quayle D B, 1943. Sex, gonad development and seasonal gonad changes in *Paphia staminea* Conrad [J]. J Fish Res Board Can , 6: 140-151.

Racotta I, Ramirez J, IBARRA A, et al. , 2003. Growth and gametogenesis in the lion-paw scallop *Nodipecten* (*Lyropecten*) subnodosus [J]. Aquaculture, 217 (1): 335-349.

Re A D, Diaz F, Sierra E, et al. , 2005. Effect of salinity and temperature on thermal tolerance of brown shrimp *Farfantepenaeus aztecus* (Ives) (Crustacea, Penaeidae) [J]. Journal of Thermal Biology, 30 (8): 618-622.

Reis-Henriques M, Coimbra J, 1990. Variations in the levels of progesterone in *Mytilus edulis* during the annual reproductive cycle [J]. Comparative Biochemistry And Physiology. A, Comparative Physiology, 95: 343-348.

Ren J S, Marsden I D, ROSS A H, et al. , 2003. Seasonal variation in the reproductive activity and biochemical composition of the Pacific oyster (*Crassostrea gigas*) from the Marlborough Sounds, New Zealand [J]. New Zealand Journal of Marine and Freshwater Research, 37 (1): 171-182.

Ren S L, Wang D X, Sheng X Z, et al. , 2000. Cytological observation on fertilization of *Chlamys farreri* [J]. Transactions of Oceanology and Limnology, 1 (1): 24-29.

Robbins I, Lubet P, Besnard J Y, 1990. Seasonal variations in the nucleic acid content and RNA: DNA ratio of the gonad of the scallop *Pecten maximus* [J]. Marine Biology, 105 (2): 191-195.

Robert R, Trut G, Laborde J, 1993. Growth, reproduction and gross biochemical composition of the Manila clam *Ruditapes philippinarum* in the Bay of Arcachon, France [J]. Marine biology, 116 (2): 291-299.

Robledo J A, Santar M M, Gonz lez P, et al. , 1995. Seasonal variations in the biochemical composition of the serum of *Mytilus galloprovincialis* Lmk. and its relationship to the reproductive cycle and parasitic load [J]. Aquaculture, 133 (3): 311-322.

Roddick D, Kenchington E, Grant J, et al. , 1999. Temporal variation in sea scallop (*Placopecten magellanicus*) adductor muscle RNA/DNA ratios in relation to gonosomatic cycles, off Digby, Nova Scotia [J]. Journal of Shellfish Research, 18 (2): 405-414.

Roman G, Campos M, Cano J, et al. , 2002. Reproductive and reserve storage cycles in *Aequipecten opercularis* (L, 1758) in Galicia, NW Spain [J]. Journal of Shellfish Research, 21 (2): 577-584.

Rosenberg G D, 1972. Patterned growth of the bivalve *Chione undatella* (Sowerby) relative to the environment [D]. Departement of Geology, University of California.

Ruiz C, Abad M, Sedano F, et al. , 1992. Influence of seasonal environmental changes on the gamete production and biochemical composition of *Crassostrea gigas* (Thunberg) in suspended culture in El Grove, Galicia, Spain [J]. Journal of Experimental Marine Biology and Ecology, 155 (2): 249-262.

Smith P J , Mcveagh S M , Won Y , et al. , 2004. Genetic heterogeneity among New Zealand species of hydrothermal vent mussels [J] . Marine Biology , 144: 537-545.

Stepien C A , Morton B , Dabrows K A , et al. , 2001. Genetic diversity and evolutionary relationships of the troglodytic living fossil *Congeria kusceri* (Bivlvia: Dreiss enidae) [J]. Molecular Ecology , 10: 1873-1879.

Saliot A, Barbier M, 1971. Isolation of progesterone and several ketosteroids of the female part of the gonads of the scallop *Pecten maximus* [J]. Biochimie, 53: 265-266.

Sangiao-Alvarellos S , Polakof S , Arjona F J , et al. , 2006. Osmoregulatory and metabolic changes in the gilthead sea bream Sparus auratus after arginine vasotocin (AVT) treatment [J]. General &. comparative endocrinology, 148 (3): 348-358.

Seed R, Brown R, 1975. The influence of reproductive cycle, growth and mortality on population structure in *Modiolus modiolus* (L.), *Cerastoderma edule* (L.) and *Mytilus edulis* L. (Mollusca: Bivalvia) [C]. Proceedings of the 9th European Marine Biology Symposium. Aberdeen University Press,: 257-274.

Seed R, 1968. Factors influencing shell shape in the mussel, *Mytilus edulis* L [J]. Journal of the Marine Biological Association of the United Kingdom, 48: 561-584.

Serdar S, L K A, 2009. Gametogenic cycle and biochemical composition of the transplanted carpet shell clam *Tapes decussatus*, Linnaeus 1758 in Sufa (Homa) Lagoon, Izmir, Turkey [J]. Aquaculture, 293 (1): 81-88.

Shcherban S A, 1992. Relationship between the RNA/DNA ratio, relative protein content, and dry weight of mussels in a short-term experiment [J]. Hydrobiological Journal C/C of Gidrobiolgicheskll Zhurnal, 28: 69.

Shumway S E, 1982. Oxygen consumption in oysters: an overview [J]. Marine Biology Letters, 3: 1-23.

Siah A, Pellerin J, Benosman A, et al., 2002. Seasonal gonad progesterone pattern in the soft-shell clam *Mya arenaria* [J]. Comparative Biochemistry And Physiology Part A: Molecular & Integrative Physiology, 132: 499-511.

Sprung M. 1984. Physiological energetics of mussel larvae (*Mytilus edulis*). I.. Shell growth and biomass [J]. Marine ecology progress series, 17: 283-293.

Starr M, Himmelman J H, Therriault J C, 1990. Direct coupling of marine invertebrate spawning with phytoplankton blooms [J]. Science, 247 (4946): 1071-1074.

Stephanie Schmidlin, Bruno Baur, 2007. Distribution and substrate preference of the invasive clam *Corbicula fluminea* in the river Rhine in the region of Basel (Switzerland, Germany, France) [J]. Aquatic Sciences, (1): 153-161.

Suja N, Muthiah P, 2007. The reproductive biology of the baby clam, *Marcia opima*, from two geographically separated areas of India [J]. Aquaculture, 273 (4): 700-710.

Sun H L, Fang J G, Wang Q Y, et al., 2000. Cytological observation on fertilization of *Tegillarca granosa* with fluorescent microscope [J]. Journal of Fisheries of China, 24 (2): 104-108.

Sun T L, Tang X X, Zhou B, et al., 2016. Comparative studies on the effects of seawater acidification caused by CO_2 and HCl enrichment on physiological changes in *Mytilus edulis* [J]. Chemosphere (144): 2368-2376.

Suzuki T, Hara A, Yamaguchi k, et al., 1992. Purification and immunolocalization of a vitellin-like protein from the Pacific oyster *Crassostrea gigas* [J]. Marine Biology, 113 (2): 239-245.

Tettelbach ST, Rhodes EW. 1981. Combined effects of temperature and salinity on embryos and larvae of Northern bay scallop, *Argopecten irradians* [J]. Marine Biology, 63 (3): 249-256.

Tettelbach S T, Rhodes E, 1980. Combined effects of temperature and salinity on embryos and larvae of the Northern bay scallop, *Argopecten irradians irradians* [J]. Marine Biology, 63 (3): 249-256.

Therriault T W, Docker M F, Orlova M I, et al., 2004. Molecular resolution of the family Dreissenidae (Mollusca: Bivalvia) with emphasis on Ponto-Caspian species, including first report of *Mytilopsis leucophaeata* in the Black Sea basin [J]. Molecular Phylogenetics and Evolution, 30: 479-489.

Thompson R J, Macdonald B A, 2006. Physiological integrations and energy partitioning [J]. Developments in Aquaculture and Fisheries Science, 35: 493-520.

Thompson R, Newell R, KennedY V, et al. , 1996. Reproductive processes and early development [J]. The Eastern Oyster *Crassostrea virginica* Maryland Sea Grant College, University of Maryland, College Park, Maryland, : 335-370.

Timothy R, Yoshiaki M, Carol M, 1984. A manual of chemical and biological methods for seawater analysis [J]. Pergamon Press Inc, 395: 475-490.

Toro J E, Aguila P, Vergara A M, 1996. Spatial variation in response to selection for live weight and shell length from data on individually tagged Chilean native oysters (*Ostrea chilensis* Philippi, 1845) [J]. Aquaculture, 146 (1/2): 27-36.

Toro J E, Newkik G F, 1990. Divergent selection for growth rate in the European oyster *Ostrea edulis*: response to selection and estimation of genetic parameters [J]. Marine Ecology Progress Series, 62 (3): 219-227.

Urrutia G, Navarro J, Clasing E, et al. , 2001. The effects of environmental factors on the biochemical composition of the Bivalve *Tagelus dombeii* (Lamarck, 1818) (Tellinacea: Solecurtidae) From The Intertidal Flat of Coihuín, Puerto Montt, Chile [J]. Journal of Shellfish Research, 20 (3): 1077-1088.

Uzaki N, Kai M, Aoyama H, et al. , 2003. Changes in mortality rate and glycogen content of the Manila clam *Ruditapes philippinarum* during the development of oxygen-deficient waters [J]. Fisheries science, 69 (5): 936-943.

Vlez A, Epifanio C E, 1981. Effects of temperature and ration on gametogenesis and growth in the tropical mussel *Perna perna* (L.) [J]. Aquaculture, 22: 21-26.

Valarmathi S, Azariah J, 2003. Effect of copper chloride on the enzyme activities of the crab sesarma quadratum (Fabricius) [J]. Turkish Journal of Zoology, 27 (3): 253-256.

Varaksina G, Varaksin A, 1991. Effect of estradiol, progesterone and testosterone on oogenesis of yezoscallop [J]. Biologiya Morya-Marine Biology (3): 61-68.

Walne P R, Mann R, 1975. Growth and biochemical composition in *Ostrea edulis* and *Crassostrea gigas* [C] //Ninth European Marine Biology Symposium. Aberdeen University Press Aberdeen, : 587-607.

Walne P R, 1965. Observations on the influence of food supply and temperature on the feeding and growth of the larvae of *Ostrea edulis* L [J]. Fish Invest London, Ser II 24: 1-45.

Walne P R, 1976, Experiments on the culture in the sea of the butterfish *Venerupis decussata* L [J]. Aquaculture, 8 (4): 371-381.

Wang C, Croll R P, 2004. Effects of sex steroids on gonadal development and gender determination in the sea scallop, *Placopecten magellanicus* [J]. Aquaculture, 238: 483-498.

Wang C, Croll R P, 2006. Effects of sex steroids on spawning in the sea scallop, *Placopecten magellanicus* [J]. Aquaculture, 256: 423-432.

Wang H, Chai X, Liu B, 2011. Estimation of genetic parameters for growth traits in cultured clam *Meretrix meretrix* (Bivalvia: Veneridae) using the Bayesian method based on Gibbs sampling [J]. Aquaculture Research, 42 (2): 240-247.

Ward R D, Hanner R, Hebert P D N, 2009. The campaign to DNA barcode all fishes [J]. Fish Biology, 74 (2): 329-356.

Whyte J, Englar J, Carswell B, 1990. Biochemical composition and energy reserves in *Crassostrea gigas* exposed to different levels of nutrition [J]. Aquaculture, 90 (2): 157-172.

Widdows J, 1978. Physiological indices of stress in *Mytilus edulis* [J]. Journal of the Marine Biological Association of the UK, 58 (1): 125-142.

Wilson J, Simons J, 1985. Gametogenesis and breeding of *Ostrea edulis* on the west coast of Ireland [J]. Aquaculture, 46 (4): 307-321.

Wright D, 1985. Use of RNA: DNA ratios as an indicator of nutritional stress in the American oyster *Crassostrea virginica* [J]. Mar Ecol Progr Ser, 25: 199-206.

Yan H, Li Q, Liu W, et al., 2010. Seasonal changes in reproductive activity and biochemical composition of the razor clam *Sinonovacula constricta* (Lamarck 1818) [J]. Marine Biology Research, 6 (1): 78-88.

Yan H, Li Q, Yu R, et al., 2010. Seasonal variations in biochemical composition and reproductive activity of venus clam *Cyclina sinensis* (Gmelin) from the Yellow River delta in Northern China in relation to environmental factors [J]. Journal of Shellfish Research, 29 (1): 91-99.

Yan X W, Zhang G F, Yang F, 2006. Effects of diet, stocking density, and environmental factors on growth, survival and metamorphosis of Manila clam Ruditapes philippinarum larvae [J]. Aquaculture, 253: 350-358.

Yang A G, Wang Q Y, Liu Z H, et al., 2002. Cytological observation on cross fertilization of *Chlamys farreri* and *Patinopecten yesoensis* with fluorescent microscope [J]. Marine Fishries Research, 23 (3): 1-4.

Zandee D I, Kluytmans J H, Zurburg W, et al., 1980. Seasonal variations in biochemical composition of *Mytilus edulis* with reference to energy metabolism and gametogenesis [J]. Netherlands Journal of Sea Research, 14 (80): 1-29.